上 海 市 老 年 教 育 普 及 教 材

上海市学习型社会建设与终身教育促进委员会办公室

# 添绿增氧

## 家庭养花与老年健康

### （第二版）

科 学 出 版 社

北 京

# 本书编写组

编　　著 : 邬志星
图片摄影 : 马炜梁

# 丛书策划

朱岳桢　杜道灿

# 前　言

根据上海市老年教育"十二五规划"提出的实施"个、十、百、千、万"发展计划中"编写100本老年教育教材,丰富老年学习资源,建设一批适合老年学习者需求的教材和课程"的要求,在上海市学习型社会建设与终身教育促进委员会办公室、上海市老年教育工作小组办公室和上海市教委终身教育处的指导下,由上海市老年教育教材研发中心会同有关老年教育单位和专家共同研发的"上海市老年教育普及教材",共100本正式出版了。

此次出版"上海市老年教育普及教材"的宗旨是编写一批能体现上海水平的、具有一定规范性、示范性的老年教材;建设一批可供老年学校选用的教学资源;完成一批满足老年人不同层次需求的、适合老年人学习的、为老年人服务的快乐学习读本。

"上海市老年教育普及教材"的定位主要是面向街(镇)及以下老年学校,适当兼顾市、区老年大学的教学需求,力求普及与提高相结合,以普及为主;通用性与专门化相兼顾,以通用性为主。编写市级普及教材主要用于改善街镇、居村委老年学校缺少适宜教材的实际状况。

"上海市老年教育普及教材"在内容和体例上尽力根据老年人学习的特点进行编排,在知识内容融炼的前提下,强调基础、实用、前沿;语言简明扼要、通俗易懂,使老年学员看得懂、学得会、用得上。教材分为三个大类:做身心健康的老年人;做幸福和谐的老年人;做时尚能干的老年人。每个大类包涵若干教材系列,如"老年人万一系列"、"中医与养生系列"、"孙辈亲子系列"、"老年人心灵手巧系列"、"老年人玩转信息技术系列"等。

"上海市老年教育普及教材"在表现形式上,充分利用现代信息技术和多媒体教学手段,倡导多元化教与学的方式,创新"纸质书、电子书、计算机网上课堂和无线终端移动课堂"四位一体的老年教育资源。在已经开通的"上海老年教育"App上,老年人可以免费下载所有教材的电子版,免费浏览所有多媒体课件;上海老年教育官方微信公众号"指尖上的老年学习"也已正式运营,并将在2015年年底推出"老年微学课堂",届时我们的老年朋友可以在微信上"看书"、"听书"、"学课件"。

"上海市老年教育普及教材"编写工作还处于起步阶段,希望各级老年学校、老年学员和广大读者提出宝贵意见。

上海市老年教育普及教材编写委员会

2015年6月

# 目 录
*Mulu*

# 第一章 家庭养花与老年人身心健康

退休在家的您，会不会偶尔感到孤独寂寞呢？当您孤单、情绪低落的时候，想不想做点什么事情来调整心情，甚至使心情明亮起来呢？如果我猜中了您的心事，那您就不妨在家里养养花，种种草，让美丽的花花草草装饰您的家，也装点您的心情。本章节将为您提供家庭养花的基本知识，带您走进一个美丽奇妙的世界。

本章节讲述的是家庭养花的基础知识，主要包括三个部分的内容，即家庭养花有益于老年人身心健康，养花应有的心态和养护要点，有益植物在家庭绿化装饰中的合理选用。

 知识点汇总

➤ **知识点一：家庭养花有益于老年人身心健康**

家庭养花对老年人身心健康的作用表现在以下三个方面：① 植物有调节情绪、减少心理压力、增加绿视率，起消除疲劳的作用；② 从养生角度看，养花种草能活络筋骨、健身治病；③ 植物能改善家庭或室内局部小气候的环境，增加湿度、净化空气、吸收有害有毒物质。

➢ **知识点二：养花应有的心态**

养花应有的心态是耐心、细心和爱心；而养护要点则是根据不同花卉的习性和生长规律，掌握各自的养护要点。

➢ **知识点三：花的养护要点**

花的养护要点主要包括三个方面：① 认识到花草树木是一种有生命的绿色植物，它与人和动物是一样的，有一个完整的生命过程；② 花要养护管理得好，不光是浇水、施肥，另外还要选对土壤，适宜花草生长；③ 养花要注意光照。

➢ **知识点四：有益植物在客厅中的合理选用**

客厅的植物选择应具有自然情趣，不求昂贵、豪华，应突出韵形要素。植物的造型、色彩搭配，要与空间的大小相匹配。根据客厅的不同情况可选择榕树、海芋、棕竹、橡皮树、散尾葵、山茶、凤梨、秋海棠等。

➢ **知识点五：有益植物在卧室中的合理选用**

卧室的绿化艺术布置要以"静"及"香"为主体，尤其卧室一般较小，在布置上要选择小型、冷色、有香味的植物。您可根据卧室的环境选择姬凤梨、仙客来、生石花、宝石花、蒲包花、小龟背竹等。

➢ **知识点六：有益植物在餐厅中的合理选用**

在餐厅的墙角或平台可放色彩绚丽的朱蕉、龙血树、散尾葵等，要与餐桌四周及墙壁的色彩相协调，并根据四季的变化而更新。在餐厅的墙壁上还可以进行挂壁式的花草布置，力求有野趣和立体感。餐桌上可放一瓶鲜艳的插花，如有明色调的百合、菖兰、红掌等，盛开着温馨、柔和的暖色，能使食欲大增。

➢ **知识点七：有益植物在厨房中的合理选用**

厨房的绿化布置应尽量选择能净化空气，并对煤烟有抗性的花卉，且布置以简单大方为美，您可选择冷水花、中华常春藤、吊兰、鸭跖草等。

##  家庭养花有益于老年人身心健康

在养花前,您知道家庭养花对您的身心健康有哪些好处吗?

➤ **植物有调节情绪、减少心理压力、增加绿视率,起消除疲劳的作用**

研究表明,绿色植物对人体大脑的1 000亿个神经细胞有调节功能,给人一种安静、欢乐、幸福、愉悦的感觉。另据国外报道,人多与绿色打交道会使眼睛明亮,尤其是人的绿色视野率达25%时,血压、心跳、呼吸都会十分均匀。绿色植物还会大量释放出负离子(阴离子),使人体免疫力迅速提高,因为负离子可改善人的情绪,使人的身体处在良性循环中,同时人的眼睛多看绿色会使视网膜得到较好的调节。植物的叶子和开出的各种颜色的花,是缓解人们紧张心理的良药,如绿色叶子有缓解焦虑、稳定情绪的功能,红花会使人热情奔放、兴奋,蓝花使人安静、清凉。植物能进行光合作用放出氧气,使人们得到充足的氧,对血液循环等都有益,还有不少香料植物能使人提神醒脑。现在薄荷、薰衣草十分受人喜欢,因为它们的芳香使人感觉精神倍增。赏花更是一项有益健康的活动,漫步在花丛之中,赏花色,色彩绚丽;观花态,千姿百态,或悬或弯或曲,韵味无穷;闻花味,幽香阵阵,使人心旷神怡,一切疲劳和烦恼皆置之度外,有益于诸如神经官能症、高血压、心脏病等慢性病的调节,有改善心血管系统、降低血压、调节大脑活动的功能。老舍在散文《养花》中说:"我总是写了几十个字,就到院中去看看,浇浇这棵,搬搬那盆,然后回到室中再写一点,继而再出去,如此循环,把脑力劳动和体力劳动结合在一起,有益于身心,胜于吃药。"所以现在国内外风行的"森林疗法"、"园艺疗法",就是提倡人们去欣赏树林、花草,使人们看到绿色,自然风景区里美丽的色彩能使人增强免疫力。

### ➤ 从养生角度看，养花种草能活络筋骨、健身治病

养花是一种愉快的劳动，也是一种休闲的养生，每天莳弄花木、翻盆上盆、浇水施肥、整枝修剪、搭建棚架、设计室内绿化布置等轻松的劳动可放松心情，缓解人对疾病的紧张情绪，达到健身治病的目的，也可使人活络关节，促进血液循环，强身健体。尤其是自种自看花木，每天都要去呵护它们，看着新叶萌发、花朵盛开、果实累累，这是通过自己辛勤劳动而获得报酬的欢乐。还有不少花草能分泌出天然杀菌素，如玫瑰花香能治疗感冒引起的咽喉痛、扁桃体炎；桂花能治支气管炎；紫罗兰、文竹的气味能杀死结核菌、葡萄球菌。据《新闻晨报》报道，闵行区吴泾镇有个61岁的陈凤英，二十年前有医生断言，她所患的胰腺囊肿将很快危及生命。为了养病，她开始养花种草，从一盆虎刺梅开始，二十年来她已经养了两百个品种。在养花的过程中，她忘记了疾病、锻炼了身体，现在这危及生命的疾病已成往事，她不但健康地活着，还影响带动了五百多户居民，她家也被全国妇联、国家环保总局评为全国绿色家庭。[1]

### ➤ 植物能改善家庭或室内局部小气候的环境，增加湿度、净化空气、吸收有害有毒物质

随着家庭居住条件的不断改善，把住房或室内布置得豪华气派的人越来越多，但装饰所用的油漆、涂料、溶剂、地毯、大理石等建筑材料中散发出来的甲醛、苯、三氯乙烯等有毒有害物质也越来越严重。轻的使人眼睛、鼻子、喉咙不适，重的甚至会使人患上癌症或白血病。下面我们来看看这些室内污染物对人体有什么危害。

---

① 资料出自 2012.11.28《新闻晨报》

一氧化碳

人体吸入后会刺激呼吸系统使红细胞运输氧气的能力下降,因而缺氧,会引起呼吸困难、头痛、胸闷、呕吐等症状。

甲醛

伤害人体细胞,造成细胞基因突变,引发鼻咽、脑部肿瘤,抑制DNA损伤的修复,女性会有月经紊乱、妊娠综合征、新生儿染色体异常,长期刺激会损害造血系统甚至使人生白血病,是十分危险的常见有害气体。

二氧化硫

主要对呼吸系统造成伤害,引起各类呼吸道炎症,如肺气肿、哮喘等。

二氧化氮

它是一种强烈而富有刺激味的气体,人一闻就会呛鼻、刺眼,还会伤害肺部使肺充血,导致肺炎、肺水肿等。

二氧化碳

浓度大时会使人呼吸加深达到4%,有头痛、头晕、耳鸣眼花及血压升高症状,超过8%时即会呼吸困难、全身无力、肌肉抽搐、痉挛,神志由兴奋转为抑制等症状。

二手烟烟雾

吸入二手烟的毒性化学物质要比直接吸烟人多2~3倍甚至更多,当二手烟的烟雾通过呼吸进入人体上呼吸道及肺部后,会侵害食管、呼吸道等黏膜,是肺癌及其他癌症的诱发因素。

臭氧

当传真机、打印机、复印机开动时,产生的臭氧会刺激人的肺部、眼睛、鼻咽,致使眼睛受伤、肺动脉氧压增加,从而出现极度疲劳感和呼吸疾病。

室内缺氧

人体缺氧开始主要表现为头痛、心里烦躁不安等症状。缺氧时间一多会产生一系列损害器官的症状,如血中缺氧会有心悸、心慌及血压升高、形成血栓等;肾脏缺氧会使肾功能失调;肺缺氧会有呼吸困难;肝缺氧就会损伤肝功能,出现肝水肿症状;心脏缺氧就严重了,轻度使心律不齐、血压上下波动,严重缺氧时会心力衰竭及心律失常甚至心脏骤停。

电波辐射

电波辐射产生的极低频(ELF)和电脑显示器、电视屏幕产生的超低频(VDT)以及微波炉、无线电通信使用中的微波(MW)进入人体后会造成人体各组织的温度升高而产生疾病。据实验研究,癌症、白血病、老年痴呆症(阿尔茨海默病)等都与辐射有关。

面对这些室内污染,绿色植物净化空气、抵抗污染的功能现在已逐渐被人们所认识。据植物学家研究表明,室内如种一些花草,能减少因装修材料污染所造成的危害,达到净化空气的作用,如芦荟能吸收一立方米空气中所含甲醛的90%,吊兰能吸收一立方米空气中96%一氧化碳和86%的甲醛,其他如一叶兰(蜘蛛抱蛋)、龟背竹、虎尾兰等都能大量清除空气中的有害物质。另外,铁树、常春藤、菊花、金橘、石榴、米兰等花草都有清除二氧化硫、氟化氢、乙醚、乙烯等有害物质的作用。兰花、桂花还是清除灰尘的天然吸尘器,不少花草还有降低噪声的作用,所以在家里养花种草具有净化环境、吸收有害物质的好处,使人们有一个健康的生活场所。

为什么绿色植物能吸收和抵抗有害有毒物质呢?对此有一个认识过程。

在20世纪80年代初,一些发达国家空气污染十分严重,尤其人们逗留在室内时间很长,而室内的空气质量由于大气污染及人们在室内进行过度的装饰,由装修而带来的各种污染也十分严重。如人们已知的甲醛、苯、氮氧化合物、悬浮粉尘等就会严重危害人的健康。20世纪90年代德国科学家、美国宇航局、韩国科学家都开始做利用植物来进行净化空气和抗电辐射的实验,他们发现植物在新陈代谢和进行光合作用时,会通过根、叶子、茎吸收光合作用时所需的各种原料,如挥发性有机物、氮氧化合物、一氧化碳等空气中的有害物质,植物经过一系列的生理变化会把我们认为有害的物质转化为有利于它生命所需的必要物质。如吊兰的叶子吸收甲醛后,会在其光合作用时,将吸收的甲醛转化成氨基酸、葡萄糖和有机酸等有益物质,其转化机理十分复杂有趣。科学家进一步研究后还发现植物在维持生命和生长过程中,其生长土壤中的微生物、细菌也会在有氧气的情况下分解空气中的有毒有害物质,甚至转化为这些细菌及微生物的营养。所以说种花种草看起来是件很小的事,实际上植物是一部十分复杂的有生命的机器,它们在整体运转,各尽其能,吸收各自需要的各种物质来制造有利于自己生长的各种营养。所以植物会净化和抵抗各种空气中存在的对人体有害的化合物,对人的健康有利。

现在有些人说室内不宜多放花草,花草太多会与人争夺氧气。其实这是认识上的误区,一盆花草在夜间排出的二氧化碳仅为一个人呼出二氧化碳的1/30。如果卧室内种养的花草较多,夜晚可搬出一部分至其他房间,如会客厅、走廊等地方,这样就不用担心自己的健康受花草影响。一般在15平方米居室内放上两盆中型花草或3~4盆植物,是不会影响健康的。即使是有毒植物,只要不放在室内、不多接触、不吃、不碰,碰到后及时洗手也不会对健康不利。所以养花种草是一个对老年人健康有益的娱乐活动,从中可学到许多知识,享受到更多乐趣,使我们的晚年生活得健康又长寿。

 **养花应有的心态和养护要点**

您知道养花的心态和养护要点有哪些吗?

### ➤ 养花的心态

养花要有耐心、细心和爱心。

现在种花人的心态大致有以下几种情况。一种是缺乏耐心。有些人，今天买了杜鹃花，但对杜鹃需求的土、水、肥不了解，不按杜鹃花的规律种，种不好，明天又去买茶花，结果也是同样的原因，茶花也种不好。再买金橘、扶桑，买了十七八种花都种不好，就缺乏耐心，不种了，说花难种。第二种是不细心，认为种花只要浇浇水，晒晒太阳，施施肥，殊不知，花卉也是生命，需要天天观察它的生长变化，要按种植、养护、开花、结果不同阶段来进行养护管理。种花还要有爱心，要把花卉当作一个很重要的宠物，当最好的朋友来对待。有些人买一盆花，开花时很起劲浇水，施肥，等花开完了，就把它冷落了，冬天不进房，夏天不遮阴，这样能种得好吗？所以我们讲，种花是在养生命，你善待它，它会回报你。我们看到花圃、苗圃里的花很美，但这里有多少园林工人在默默地为它们服务，除草、杀虫防病、上肥，太阳太厉害了遮阴、干了浇水、水太多排水、发大风搬进房，天天这样呵护，人们才能到开花时看到它们的美丽色彩，闻到它们的香味，看到它们结的累累果实。

### ➤ 家庭养花的养护要点

上海种花的人真不少，大概有50多万人。现在大多数人种的花是盆花、盆景，还有人喜欢插花，基本上各小区都有绿化志愿者和种花小组。据我的观察，种花大致有两种情况，一种是种得不错的，有的养花水平很高，能繁殖花卉，而且几十年如一日，摸透花的生长规律，能因花而异地采取管理方法，种得很有水平。另一种是普通的水平，即中下水平，他们种花种得不够理想，死不死、活不活、不开花、不长叶、花易凋落、果结不住，这类人数量最多。这部分人种花结果不太理想是因为缺乏基本知识，尤其是缺乏土壤、光照、施肥、浇水、消灭病虫害这五大基础知识,他们不能满足花草生长的需要,所以不是掉叶就是落花落果。有些人认为花不必很仔细地去管理,尤其在浇水、施肥、土壤、病虫害、光照上还有太多误区,所以不能适应花的生长规律,花就长不好了。

要种好花必须要掌握哪些主要的技术呢?

我认为首先要认识到花草树木是一种有生命的绿色植物,它与人和动物是一样的,有一个完整的生命过程。种下一种花或买回来一盆花,它在必要的养护下,会长叶、长枝、开花、结果。比如现在春天就是播种的好时节,我们常见的牵牛花、向日葵、太阳花、蜀葵等都可以种,种了后到夏天就开花了,但要种好必须土壤要肥沃、光照要充足、施肥要有规律,浇水要注意春天开始生长时水应稍少浇些,到温度升高后,浇水也要跟上。施肥更要有主次,比如长叶时需要氮肥,同时也要配一些磷、钾肥,还有微量元素的肥料,如铁肥等。为什么呢? 因为它们生长叶子主要靠氮肥完成的,然后长枝也需钾肥,等叶子长好了,就会开花结果,那时需要磷肥,如再加钾肥,那只会长叶不会开花。所以说种花是一个系统工程,如人一样,要吃饭,要有碳水化合物、维生素,还要有蛋白质、水,还必须去晒晒太阳加强钙的吸收,所以不能把种花草简单地看成只要浇水、晒太阳、施肥,就会种好的。

花要养护管理得好,不光是浇水,施肥,另外还要选对土壤,适宜花草生长。据笔者这么多年与花友的接触,觉得种花在群众中最大的问题是土壤没有选对,这是一个主要问题。我们应该知道,合适的土壤是种好花的基础,土壤不合适,光浇好的肥料也是长不好的。但上海许多人种花最不讲究土,如土壤来源极随便,去公园里挖一点,或买一点土,根本不知道植物对土壤的要求还是很高的。有些植物喜欢酸性土。如我们喜欢种的杜鹃花、白兰花、茶花、兰花、君子兰、茉莉、米兰就是要酸性的土壤才能种得好,pH应在5~6甚至4左右,而其他花如向日葵、牵牛花、太阳花就要微酸性的土或中性土。但我们现在的种花人大多数用土随意,土壤多数板结,营养元素缺乏,透水通气性差,保水保肥不牢固,一浇水,水要么一下子滑下去了,要么水透不下去。土不合适,花就难种了。特别是上海浇花的自来水是用氯气消毒的,氯会使好土变硬或酸碱度变性,为此应注意经常换土,改善土质,这一点非常重要。

最后一点就是光照,很多种花人掌握不好,只知道种花要晒太阳。殊不知,植物由于来的地域不一样,对阳光要求也不同,如石榴来自阿富汗,阳光要足;而栀子花喜欢半阴性,种在太阳直射之地就会长不好。故而要弄清哪些植物是喜阳的,哪些植物是喜阴的十分重要。当然还有更多的植物有半阴半阳的习性,如文竹、吊兰、兰花、常青藤都喜欢半阴半阳的环境,如放在阳光太足处或太阴之处都会长不好的。所以为了把花种好,我们一定要根据不同花卉的习性和生长规律,掌握各自的养护要点。

 **有益植物在家庭绿化装饰中的合理选用**

您知道家里不同的地方应该分别用什么样的花来装饰吗?
下面分别以客厅、卧室、餐厅和厨房为例来加以说明。

### 1. 客厅

客厅是房屋主人会客的地方,是主人的"脸面",其布置得好与否,体现着主人的身份、情趣与审美观,同时它也是休息、议事、团聚的多功能场所。客厅是室内装饰的重点,装饰应典雅大方,因此植物选择应具有自然情趣,不求昂贵、豪华,应突出形韵要素。植物的造型、色彩搭配,要与空间的大小相匹配。客厅较大的可摆一些大型的盆花,如**榕树、棕竹、橡皮树、散尾葵、巴西木、马拉巴栗（发财树）**等,体现绿的气氛。若地板、墙面的颜色较浅,可采用深绿的植物,若室内色彩较深,应采用浅色、淡蓝、乳黄等亮色,使植物与环境相衬,主次分明。如果客厅较宽敞,还可摆放些色彩鲜艳的大型盆花,如**杜鹃、山茶、凤梨、秋海棠**等,给人一种热情、温暖之感受。若客厅较小,可先用

1~2盆鲜艳的花卉,配以观叶植物,既醒目又没有拥挤、凌乱之感。

客厅的花木装饰不宜多,而在于精巧、有品位。欧式风格的客厅应选择以观叶植物为主体,中式的就可以**兰草、竹、文竹、水仙、梅花、菊**等加以匹配组合。客厅里结合季节摆上时令花草,可显示出中西不同的赏析风格,使人回味无穷。

客厅的墙面一般都挂有田野风景画或中国山水画,在靠近一组沙发的墙角,或沙发前的茶几上,都可放上较为名贵的花卉,另一个角可放上花架,上放可悬吊垂下的**吊兰、泡叶冷水花、凤梨**等,这样能突显出典雅、文静的气氛,如再点缀些大型开花花卉,则更显得生机盎然,充满诗情画意。

客厅中也可放置精致的**五针松**等苍劲古朴的中型盆景,以显示主人的养花兴趣,也可摆放些造型优美的盆栽奇观植物,如**龟背竹、喜林芋、春芋、花叶芋、橡皮树、绿萝、巴西木**等。再在窗前悬挂几盆吊兰,吊竹梅,增加客厅空间层次感,使之具有立体绿色的美态,更加有绿色野趣。此时客厅里如放上几首悠扬的中外抒情名曲,使诗画、音乐、艳花融为一体,渲染出高雅的文化氛围,就更衬映出主人雅致的文化趣味。

### 2. 卧室

卧室是主人休息的重要地方,是睡觉安卧的主房,所以绿化艺术布置要以"静"及"香"为主体,尤其卧室一般较小,在布置上要选择小型、冷色、有香味的植物。如紫色的**大岩桐**,其生态习性为喜阴与要暖,最适宜在卧室里摆放,另外**姬凤梨、仙客来、小龟背竹**等也都适宜放置。若在卧室中有组合的小摆设,也可放一些盆景、山石小品给予点缀,如潇洒的小盆**文竹、秋海棠、虎尾兰、凤梨、三色朱蕉**等。在它们中间可选择色泽淡雅、形态有趣、能给人带来愉悦心情的植物来进行配置,点缀于墙角、窗台、梳妆台、小型组合音响或工艺品旁,使之有一种朦胧、典雅和美的韵律。另外,卧室的床罩与窗帘在主人眼里极为重要,因为要有私密的空间,必定要有宁静与舒适的色彩,因此选择花草,必须与床罩和窗帘相协调，形成温暖的色调，具有温柔感与宁静的轻松感。如果高雅的偏冷色调成为卧室的主旋律，植物应选择淡绿色，如**冷水花、芦苇、蒲棒**的瓶插花，以及**三色竹芋、袖珍椰子**等，都能给人以美感。绿化布置要符合主人的情趣、性格和喜好。一般来讲，卧室的花草应少而精，选择的花草也应淡雅、小型、有趣味。在冬季，卧室内放置**瓜叶菊、小枫树、火棘**等有花、有叶、有果的小盆景或小盆花，有色有果，妙趣横生，有温暖的感觉。在盛夏，如在卧室窗前放一盆**白兰花**或**茉莉**，散发出阵阵的幽香，也给人们带来一丝凉意。卧室花草装饰要注意的是，带刺的多肉类仙人掌和带有异味或有毒的花草不宜放入卧室，如**天竺葵、铁海棠（虎刺梅）、水仙花、虞美人、玫瑰、百合、马蹄莲、郁金香**等。它们都有不适宜放在房间里的气味，或对健康不利，应加以注意。卧室内也不能放大量的植物，一般控制在3~4盆即可，因为过多的植物在晚间放出大量二氧化碳，对人体不利。

### 3. 餐厅

餐厅的绿化布置要讲究调节气氛，能增进食欲，所以要多放些有色彩的植物。在餐厅的墙角或平台可放色彩绚丽的**朱蕉、龙血树、散尾葵**等，要与餐桌四周及墙壁的色彩相协调，并根据四季的变化而更新。在餐厅的墙壁上还可以进行挂壁式的花草布置，力求有野趣和立体感。餐桌上可放一瓶鲜艳的插花，如有明色调的**百合、菖兰、红掌**等，盛开着温馨、柔和的暖色花朵，能使食欲大增。倘若餐厅较大，还可以放上几盆观赏性较强的花卉，如**仙客来、蒲包花、大岩桐**等。随季节变化，还可选择时令花草，如春用**兰花**，夏用**网球花**，秋用**菊花**，冬用**石竹花**，能使餐厅四季有色有韵。

### 4. 厨房

厨房是用来烹饪的地方，一般空间比较拥挤，而摆放餐具的橱柜又较多，显得有些几何图形，而且在烹饪时还会散发油烟味，使人呛口。因此在绿化布置艺术上应尽量选择能净化空气，并对油烟有抗性的花卉,如**冷水花**、**中华常春藤**、**吊兰**、**鸭跖草**等。花草可布置在离煤气灶较远的地方,或悬吊在没有油烟的平顶上,也可在竹篮内放些中型蕨类植物,使之增添绿色。

厨房间摆放的花草宜小不宜大,以小型观叶植物为主,最多在远离炉具的墙壁上放一盆中型的**绿萝**、**棕竹或巴西铁**,放置的地方要有光线,放置10天后应搬出室外进行养护调换,否则长久放置在厨房内会损伤植物,使之生长不良。厨房摆花也要讲究通风,在烹饪结束后,应开窗通风,使植物不易被闷坏。

在厨房的绿化布置上,用**胡萝卜**、**辣椒**、**塔菜**、**卷心菜**、**白菜**、**球茎甘蓝**等带叶的蔬菜放在竹篮或斜插于浅菜盆中,放些水,也能使厨房美起来。

在厨房里,冰箱是主要的器具之一,不少人想在冰箱上做些美的文章,使凝固的冰箱富有流动的美感。我们用花草点缀,就能使冰箱呈现出典雅、优美的画面。

冰箱一般都置放在房内没有阳光直射的地方,若用耐阴的观叶植物来"造景"就十分理想。例如放置一盆叶色碧翠的大盆吊兰,顿使冰箱四周的空间呈现热带风情;蕨类植物中的**铁线蕨**,叶片密而细,形态特别秀丽;用绿白两色相镶的观叶植物**箭叶芋**来装饰,会使冰箱环境显得秀逸、静谧;如喜欢叶色艳丽,那么放置一盆矮小的**紫红色朱蕉**,华丽而不俗,一幅充满南国风情的画面跃然眼前;若有条件的话,在冰箱上放一盆五彩凤梨,则光彩四射,满室生辉。

冰箱绿化的空间布置,不宜繁琐,而应以"简单也是美"的构图观点来表现为好。如一截造型奇特的大丝兰树桩,长着尖而硬的绿叶,放在浅水溢满的荷叶造型瓷盆上,一幅密林小景会使人产生迷恋的遐思。冰箱上布置插花艺术,也应以构图简单和造型奇特来取胜,哪怕是一枝、一梗、一叶、一花,如亭亭玉立的**广玉兰**、开满红花的**石榴**等。需要注意的是插花的器皿必须与冰箱、墙面、家具的色彩协调,否则往往会落入俗套。

家庭园艺布置能增添家庭的温馨感，它可随季节的变换，适时换上不同的花卉来满足人们的感觉需求，所以老年朋友可随季节的转换，放上时令花卉。

## 互动学习

　1. 选择题：

（1）（　　　）对光照的要求是阳性。

　　　A. 文竹　　　　B. 常春藤　　　　C. 石榴　　　　D. 吊兰

（2）花草在夜间排出的二氧化碳仅为一个人呼出二氧化碳的（　　　）。

　　　A. 1/30　　　　B. 1/15　　　　C. 1/40　　　　D. 1/10

（3）植物长叶子的时候主要需要施（　　　）。

　　　A. 氮肥　　　　B. 磷肥　　　　C. 钾肥　　　　D. 铁肥

　2. 判断题：

（1）室内不宜多放花草，花草太多会与人争夺氧气。　　（　　　）

（2）植物的生命力很强，所以种花种草只要随便浇浇水，晒晒太阳，施施肥就好了。　　（　　　）

（3）养好花重点要注意浇水、施肥、光照等，至于土壤则关系不大，可以在公园或小区挖点土。　　（　　　）

（4）如果室内色彩较深，应采用亮色的植物，使植物与环境相衬，主次分明，反之亦然。　　（　　　）

（5）冰箱绿化的空间布置，不宜繁琐，应以简单为美。　　（　　　）

　3. 问答题：

家庭养花对老年人的身心健康有哪些好处？

　　参考答案
　　1. 选择题：（1）C；（2）A；（3）A。

2. 判断题：（1）　；（2）　；（3）　；（4）√；（5）√。

3. 问答题：① 植物有调节情绪、减少心理压力、增加绿视率，起恢复疲劳的作用；② 从养生角度看，养花种草能活络经骨、健身治病；③ 植物能改善家庭或室内局部小气候的环境,增加湿度、净化空气、吸收有害有毒物质。

 拓展学习

➢ 延伸阅读

### 正确认识促癌植物及应对方法

前些年,中国预防医学科学院曾毅教授通过大量试验,证实了有些植物含有促癌因子,并在鼻咽癌、食管癌的实验中得到证实,并公布了52种促癌的植物,一时闹得全国沸沸扬扬。人们谈到这些植物就"色变",甚至还怀疑有其他植物会促癌,如大部分人认为夹竹桃会致癌,因此大量砍去,那么促癌植物真的会使人生癌吗?

其实生活中促癌因子到处存在,除了植物外,大量的化合挥发物及辐射都会诱发刺激人的细胞,引起变化,产生恶变。一些植物虽然也会产生一些促癌或是分泌诱发细胞恶变的因子,但致癌要有一定时间和条件,如种植地域,土壤污染及土壤中的致癌诱癌因子,还有通过什么途径促癌,或长期种、大量种、不断去接触等,其机理十分复杂。加上人体的免疫力差异,并不是种少量这些植物马上会生癌,只是提醒警示人们要当心这些植物。可以肯定地说，促癌植物应该不止52种，在自然界，植物品种不胜枚举，都做过试验吗？对已公布的植物我们要注意预防。

笔者认为对于52种促癌植物，只要不多种，不长期接触，不放在人们活动频繁之处，更不放在室内，问题是不大的。实际上人们在家养的花花草草，促癌植物是极少量的几种。当然，已生肿瘤的患者就不能种这些有促癌因子的观赏植物了，因为这些植物体内一些促癌因子会激活肿瘤细胞，即使再好看，也只能为了健康忍痛割爱，这才是健康的生活方式。这里我要特别提醒大家，铁海棠、变叶木在室内要少种或不种。

下面是52种促癌植物名单：

石粟、变叶木、细叶变叶木、蜂腰榕、石山巴豆、毛果巴豆、巴豆、麒麟冠、猫眼草、泽漆、甘遂、续随子、高山积雪、铁海棠、千根草、红背桂花、鸡尾木、多裂麻风树、红雀珊瑚、山乌桕、乌桕、圆叶乌桕、油桐、木油桐、火殃勒、芫花、结香、狼毒、黄芫花、了哥王、土沉香、细轴芫花、苏木、广金钱草、红芽大戟、猪殃殃、黄毛豆腐柴、假连翘、射干、鸢尾、银粉背蕨、黄花铁线莲、金果榄、曼陀罗、三梭、红凤仙花、剪刀股、坚荚树、阔叶猕猴桃、海南葵、苦杏仁、怀牛膝。

# 第二章 适宜于家庭种养的植物

姿态万千的植物能带来美的享受,给我们的老年生活平添一份色彩。花花草草不仅是家庭装饰的一道亮丽风景,还是监测空气污染的指示物,不同的植物指示不同的空气污染物。另外,植物还有净化空气的功能。本章节将为您介绍适宜于家庭种养的常见植物,让您走进千姿百态的植物世界。

本章节共介绍5种适宜于家庭种养的观赏植物,即朱顶红、蝴蝶兰、凤梨、富贵竹、风信子;5种常见指示性植物,即杜鹃、桃花、秋海棠、梅花、牡丹、牵牛花;21种防污染植物,即大丽花、水仙花、菊花、苏铁、吊兰、常春藤、虎尾兰、冷水花、龟背竹、君子兰、发财树、百合、金橘、兰花、山茶、天竺葵、橡皮树、文竹、白掌、合果芋、巴西木。

 知识点汇总

➤ 知识点一:具有观赏价值功能的植物

| 植 物 名 称 | 摆 放 位 置 |
|---|---|
| 朱顶红 | 盆栽、庭院 |

（续　表）

| 植　物　名　称 | 摆　放　位　置 |
| --- | --- |
| 蝴蝶兰 | 室内室外均可 |
| 凤　梨 | 室内室外均可 |
| 富贵竹 | 居室、书房、客厅、案头、茶几 |
| 风信子 | 室内室外均可 |

➤ 知识点二：兼具观赏价值和监测空气污染功能的植物

| 植物名称 | 大　致　功　效 | 摆　放　位　置 |
| --- | --- | --- |
| 杜　鹃 | 吸收臭氧、二氧化硫,监测氨气 | 庭院、街头、阳台、窗台 |
| 桃　花 | 美容养颜,监测硫化物、氯气 | 庭院、公园、阳台、晒台 |
| 秋海棠 | 止血散瘀、监测氮氧化物 | 室内、阳台 |
| 梅　花 | 治咳嗽、咽喉肿痛,监测甲醛、氟化氢、二氧化硫、苯等 | 室外植梅林,可放化工厂处监测污染物 |
| 牡　丹 | 清热、散瘀,监测二氧化硫 | 庭院、阳台、屋顶花园 |
| 牵牛花 | 杀灭蛔虫、绦虫,监测二氧化硫 | 阳台、晒台 |

➤ 知识点三：兼具观赏价值和净化空气功能的植物

| 植物名称 | 大　致　功　效 | 摆　放　位　置 |
| --- | --- | --- |
| 大丽花 | 清热解毒、消肿散瘀,吸收硫化氢、二氧化碳 | 阳台、屋顶、庭院 |
| 水仙花 | 对二氧化硫、一氧化碳、二氧化碳有很强的抗性 | 盆栽于室内有阳光处 |
| 菊　花 | 吸收家用电器等散发在空气中的乙烯、汞、铅等有害气体,对二氧化硫、氯化氢、氟化氢等有很强的抗性 | 庭院、阳台和野外空旷 |
| 苏　铁 | 净化空气中的二氧化硫、过氧化氮、乙烯、汞蒸气、氟、铅蒸气等有害气体 | 庭院 |

（续　表）

| 植物名称 | 大　致　功　效 | 摆　放　位　置 |
|---|---|---|
| 吊　兰 | 养阴清肺、润肺止咳及活血,能吸收空气中95%的一氧化碳和85%的甲醛,吸收苯和尼古丁 | 窗台、阳台、卧室、客厅、书房 |
| 常春藤 | 吸收苯和微粒灰尘 | 以盆栽悬吊室内外 |
| 虎尾兰 | 吸收甲醛 | 客厅、卧室、书房、电脑房 |
| 冷水花 | 净化厨房间的油烟 | 厨房、卫生间、客厅、卧室 |
| 龟背竹 | 清除甲醛 | 室内或走廊上 |
| 君子兰 | 吸收硫化氢、一氧化碳、二氧化碳,吸收烟雾 | 客厅 |
| 发财树 | 净化一氧化碳和二氧化碳 | 客厅、走道内 |
| 百　合 | 净化空气中的一氧化碳、二氧化硫等 | 庭院 |
| 金　橘 | 净化空气中的汞蒸气、铅蒸气、乙烯、过氧化氮等,吸收家用电器、塑料制品所散发的气味 | 阳台、窗台、室内 |
| 兰　花 | 治久咳、胸闷、肿疮毒等症,吸收空气中的甲醛、一氧化碳等 | 室内或阳台、窗台、客厅 |
| 山　茶 | 吸收二氧化硫、氟化氢、氯气、硫化氢、氮气等 | 庭院、晒台、屋顶花园、窗台 |
| 天竺葵 | 吸收空气中的氯气,对二氧化硫、氟化氢有抗性 | 庭院、走廊、厅堂 |
| 橡皮树 | 对空气中的一氧化碳、二氧化碳、氟化氢等有害物质有一定的抗性,对室内灰尘能起滞尘的作用 | 室内客厅、走廊、屋顶花园的玻璃房、晒台 |
| 文　竹 | 杀死空气中的细菌,叶片能吸收空气中的二氧化硫等有害气体 | 客厅书房的门前、案头与窗台 |
| 白　掌 | 吸收空气中的挥发性有机物,对丙酮、三氯乙烯、苯、氮氧化合物、二酸化硫黄特别有效;可增加室内相对湿度,防止鼻、咽黏膜干燥;可吸收烹饪时产生的油烟 | 客厅、卧室、厨房、卫生间、厨房 |

（续　表）

| 植物名称 | 大 致 功 效 | 摆 放 位 置 |
|---|---|---|
| 合果芋 | 吸收甲醛、苯、甲苯、二甲苯等室内挥发有机物；可加强绿视率，有助于缓解眼睛疲劳；对电波辐射有一定的阻挡作用 | 新装修的房间内 |
| 巴西木 | 吸收复印机、打印机及洗涤剂中挥发出的三氯乙烯等，滞尘 | 家居、办公环境 |

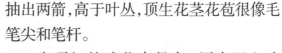 具有观赏价值的植物

## 朱 顶 红

【植物特性】

朱顶红为多年生球根花卉，又名百子莲、对红、百枝莲等。地下部分为肥大球茎，鳞茎外皮为黄褐色或淡绿色膜质鳞皮，褐色的鳞皮多开白色花或白色上具红条纹的花，花期4~6月份。花梗从鳞茎中的侧顶抽出两箭，高于叶丛，顶生花茎花苞很像毛笔尖和笔杆。

朱顶红的球茎直径在5厘米以上才能开花，若盆栽要选用大而充实的鳞茎，栽种于15~20厘米大小的花盆中，4月份盆栽，6月份可开花。9月份盆栽，放在温室内，到翌年的3~4月份也可开花。

朱顶红花枝亭亭玉立，4~6朵红色喇叭形花朝阳开放，显得格外艳丽悦目。因朱顶红的外形很像君子兰，也有"君子红"的美称。现在世界各国广泛栽培，除盆栽

马炜梁　摄影

观赏以外,配植露地庭院形成群落景观,也可增添园林景色。花色有淡红、橙红、大红、暗红、紫红等色。花极大,且色彩艳丽。

【摆放位置】

可盆栽观赏,也可在庭院成丛栽植,或栽于花坛周边。

【栽培与养护要点】
◇ 喜温暖湿润,忌阳光直晒,不耐寒。
◇ 盆栽用含腐殖质的肥沃土壤最为合适。
◇ 盆底要铺沙砾、有利于排水,鳞茎要稍露出土面。
◇ 放置于半阴处,避免阳光直晒。
◇ 生长和开花期,宜追施2~3次稀薄肥水。
◇ 鳞茎休眠期,浇水量减少到以维持鳞茎不枯萎为宜。

## 蝴　蝶　兰

【植物特性】

蝴蝶兰喜热、多湿、半阴的生长环境,生长温度白天在25~28℃之间,晚上在18~20℃为适宜。我国江南地区若栽培蝴蝶兰,必须在30℃以下的环境中才能生长良好,且冬季不能低于10℃,夏季不能高于32℃,这样才能使蝴蝶兰安度盛夏和严冬。蝴蝶兰因生长

马炜梁　摄影

在森林中,有大树遮住强烈的阳光,因此它忌阳光直射,在有遮阴的地方才能健康成长。蝴蝶兰还怕闷热,若通风不良会引起植株腐烂,因此在温室或室内栽培时应保持通风。

蝴蝶兰又叫蝶兰。它花大色艳，花形别致，花期又长，深受各国人民的喜爱。在国外，人们把蝴蝶兰作为"爱情、纯洁、美丽"的象征。在众多的热带兰中，蝴蝶兰又有"洋兰皇后"的美称。

蝴蝶兰的观赏价值很高，观赏时间又较长，因而深受养花人的喜爱。它的植株极为有趣，既无假球茎，也无匍匐茎，每株只有数片肥厚阔叶，而白色的茎生根则裸露在叶子周围，很有自然情趣。

蝴蝶兰常作盆栽观赏，鲜花可用做新娘的棒花、胸花、襟花。

【摆放位置】
室内室外皆可。

【栽培与养护要点】
◇ 需要疏松、透水、透气的盆土。
◇ 喜欢有较大湿度的环境。
◇ 生长期浇水量要大，休眠期要少。
◇ 春天开花期不能施肥。
◇ 花期后，新叶与根萌发时要多施薄肥。
◇ 高温炎热时应停止施肥，秋末也要少施肥。

## 凤　　梨

【植物特性】
凤梨为凤梨科多年生草本植物，植株高10~50厘米，叶缘大部分有锯齿，有的有短刺，叶呈莲座状，叶片形态丰富，色彩斑斓，有纵向或横向斑带的，有满饰银色的斑粉或绒毛的。叶面上有黄、红、绿、褐、紫等多种颜色的花纹，更为奇特的是莲座状叶中心呈筒状，可以盛水而不漏，形如水塔，所以也称"水塔花"。凤梨在南方地区可露天培育，在上海以室内盆栽或温室培育为主。

凤梨叶形奇特，花形各异，色彩绚丽，有的有红色火把状的花序，有的有金黄色斑纹的叶子，有的是袖珍型的小型观叶盆栽，装饰于室内各个场合，都十分雅致美丽。

凤梨的叶片青翠而有光泽。冬季至早春，从嫩绿的叶筒中抽出鲜红色柱状花序，高约30厘米，顶生6~12朵小花，花瓣3枚，淡黄绿色，边缘蓝色，开放后向外翻卷。盛放时，一串串蓝绿色的花朵，在红色苞片的映衬下，显得分外艳丽夺目，观赏期可长达2个月。凤梨品种甚多，开花形态及色彩多样。

马炜梁　摄影

【摆放位置】

凤梨装饰于室内各个场合，都十分雅致美丽。

【栽培与养护要点】

❖ 每天需3小时以上充足的阳光，耐半阴。

❖ 夏季喜凉爽通风，亦能耐干燥气候。

❖ 喜欢含腐殖质丰富、排水良好的酸性沙质土壤。

❖ 地生需要充足的光照，而附生种应避免强光直射。

❖ 适温为25~35℃，冬季为20~22℃。

❖ 湿度以65%~90%为宜，干燥季节，须每天向叶面喷水。

❖ 根系不很发达，栽培时盆不宜大。

❖ 3~10月份生长期光照和水分要充足。

❖ 冬季减少浇水，15天左右浇1次水即可。

# 富 贵 竹

【植物特性】

富贵竹也叫万寿竹,栽培变种有金边富贵竹、银边富贵竹。金边富贵竹叶呈绿色,沿叶缘镶有黄白纵条纹;银边富贵竹叶边缘呈白色,叶中央呈银色。还有一种叫青叶富贵竹,也叫仙达龙血树,叶片呈绿色,是二者的芽变品种。

富贵竹可在中型盆中栽种,以常绿观叶为主,放在书架、窗台上观赏,也可以水养,放在花瓶或长形、圆形器皿里,月余会长出新根来。

富贵竹亭亭玉立,风姿秀雅,其茎叶颇似翠竹,冬夏常青,给人一种富贵吉祥之感。

马炜梁 摄影

富贵竹分枝能力较差,用作室内观赏时,最好将5枝以上集中起来栽入一盆,效果会更好。室内陈放久了,虽生长得到稳定,难免叶片会沾染上一层灰尘,可用喷水法洗涤叶子,使其重新显示出美丽的光泽。

富贵竹的茎干可塑性强,可以根据人们的需要进行单枝弯曲造型,也可切段组合造型。切段组合的"富贵塔"形似中国的古代宝塔,象征吉祥富贵,开运聚财。

【摆放位置】

富贵竹适于作小型盆栽,用于布置居室、书房、客厅等处,可置于案头、茶几和台面上,富贵典雅,玲珑别致,有很好的观赏性。

【栽培与养护要点】

◇ 喜温暖湿润荫蔽的环境。

◇ 土壤要疏松、肥沃。

◇ 喜散射光,忌直射烈日。

◇ 既可土壤盆栽也可水养,水养可数枝,也可剪成一段一段,扎成盘状。

◇ 盆栽以每月追肥2次为宜,可用有机肥。

◇ 水养每月加营养液1~2次,忌施有机肥。

◇ 水养不能施肥太多,肥浓会烧根,或使富贵竹疯长。

◇ 冬天要保暖,室内温度宜在12℃左右。

# 风　信　子

【植物特性】

　　风信子也叫洋水仙、五彩水仙,开花在早春,外表与水仙极相似,花期又与水仙同期,所以有洋水仙之称。但风信子与水仙无亲属关系,水仙是石蒜科,风信子则是百合科。风信子有两个系,荷兰系和罗马系。荷兰系花大,罗马系花小,一葶能抽出数个花蕾。

马炜梁　摄影

　　风信子植株高约20厘米,叶似短剑,肥厚无柄。花从鳞茎抽出,呈总状花序,周围密布二三十朵小花,每花6瓣,像卷边的小钟,由下至上逐段开放,并能散发出阵阵香味。

　　风信子的花色彩很多,有红、蓝、白、紫、黄、粉红等色,有些品种花序还十分饱满硕大,当花朵开满时,花序端庄典雅,在鲜嫩如剑状的绿叶陪衬下,更有迷人的风采,是春节时令用花之一。

风信子因品种的不同,喷香的程度也不尽相同,粉红色的花清香,淡紫色的花香气较为浓馥,纯白色花则香味较淡。

【摆放位置】
室内室外皆可。

【栽培与养护要点】
◇ 喜凉爽湿润、阳光充足的环境。
◇ 耐低寒,怕炎热。
◇ 宜排水良好的沙壤土,忌黏性重的土壤,在土壤中放些木炭,可消毒,防鳞片茎腐烂。
◇ 每年3~4月份开花。
◇ 可水养,水内加少量的木炭以防腐烂,还须勤换水。
◇ 盆栽叶片露出时施磷、钾肥,花谢后,将花茎剪去,再施1次肥。
◇ 主要病害为黄腐病,可用福尔马林对土壤消毒。
◇ 栽培种植1年后,再买新鳞茎为好。

另外,适宜于家庭种养的常见观赏植物还有:报春花、瓜叶菊、番红花、瑞香花、花毛茛、兜兰、卡特兰、火鹤花、炮仗花、叶子花、荷花、睡莲、凌霄花、昙花、南天竹、枸骨、天门冬、球兰、玉簪等,老年朋友可以根据自己的喜好进行选择。

 **兼具观赏价值和监测空气污染功能的植物**

## 杜　鹃

【植物特性】
杜鹃花又名映山红、山鹃等,杜鹃花可分为常绿杜鹃和落叶杜鹃。在园艺栽培上分为东鹃、西鹃、毛鹃、夏鹃4个类型。

东鹃即东洋鹃,因来自日本故名。其主要特征是体形矮小,分枝散乱,叶薄色淡,毛少有光亮。4月开花,花朵很小,一般花径在4厘米左右。

马炜梁　摄影

西鹃在欧洲荷兰、比利时育成,故称西洋鹃。其特点是花叶同发,花大而鲜艳,多重瓣,颜色变化多端。

毛鹃俗称毛叶杜鹃、大叶杜鹃、春鹃大叶种等。其特征为体形高大,可达2~3米,生长健壮,适应力强。

夏鹃原产于印度和日本,开花在5月下旬至6月,故称夏鹃。其主要特征是枝叶纤细、分枝稠密、树冠丰满、花宽漏斗状。

【观赏与应用】

杜鹃花盛开时是春天景色最美之时,它盛开在山谷、溪边、池畔,血红娇艳,烂漫入锦。清代女词人杨槿华的《夺锦标》词曰:"开遍枝头浓润,一片丹霞。又记鹤林仙境,烂漫千房挹露。宫烛凝光,晓阳留影,愿朱颜久驻。"充分描绘出杜鹃花的色彩美、形态美和风韵美。

杜鹃花有富丽的色彩,娇媚的神韵,可在草坪、院坝作边植,盛花时节宛如彩带和花环。杜鹃在花坛、花境中镶饰,环植效果极佳。经过园艺师的修整,盆景更是如诗如画。

【监测空气的功能】

杜鹃对臭氧和二氧化硫等有害气体有很强的抗性,同时也能吸收这些有害气体,起到净化空气的作用。它对氨气也十分敏感,可作其监测植物。

【摆放位置】

地栽于庭院、街头、绿化小区,作观赏用。盆栽可放在阳台、屋顶花园和窗台上。

【栽培与养护要点】

✧ 为长日照花卉，即使在盛夏也不宜放在过阴处，而要放在通风透气和比较凉爽的地方，忌室外蔽阴处。

✧ 9月底、10月初阳光强度减弱，天气凉爽，应逐步缩短蔽阴时间，以放在屋前东南向的阳台为宜。

✧ 盆栽不能放在地上，宜放在花架或倒置的空花盆上，上面挂有遮阴的网或帘子，而且要保持通风。

✧ 夏季要多浇水，勤浇水，因夏天气温高，日照强烈，水分蒸发快。

✧ 早晨水要浇足，晚上浇水视情况而定，叶子上要喷水，保持叶面清洁和环境的湿润。

✧ 7~8月间孕蕾，秋后进房，保持在20℃的条件下，半月后即可开花。

## 桃　花

【植物特性】

桃花树冠张开，叶披针形，花侧生，多单朵，先于叶开放，通常粉红色单瓣。花期在早春，江南多数在清明时节开花，因品种不同有粉红、深红、绯红、纯白、水绿等色。桃花主要有食用桃和观赏桃两大类。食用桃花色粉红，成片开放如火如荼，也可观赏，品种有蟠桃、黄肉桃、油桃、黏核桃等。观赏桃花色彩丰富，优良品种有碧桃，花粉红色，重瓣；白花碧桃，花白色，重瓣；红花碧桃也叫绛桃，花深红色，重瓣。另外还有寿星

马炜梁　摄影

桃、垂枝桃等，开水绿色花尤为名贵。

桃花在我国已有3 000多年的栽培历史,尤其在江南地区,阳春三月风和日丽之时,桃花盛开,十分漂亮,人们往往用"桃红柳绿"来描绘春天景色的无比秀丽。

【观赏与应用】

桃花可与柳树搭配在一起种植在湖滨、溪流、道路两边及庭院、草地,点缀山石,形成春色明媚的景观。它也可与竹配置,"竹外桃花三两枝,春江水暖鸭先知",颇具诗情画意。桃子营养价值极高,香甜可口,是极具养生价值的一种水果。桃叶、皮、花、桃胶等都大有用处,且桃仁、幼果及树皮均可入药。桃花有美容养颜作用。和露水洗面,能美容;服用桃花,能养颜;酒渍桃花饮之,能除百疾,益颜色。

【监测空气的功能】

桃花对硫化物、氯气十分敏感,一有污染,它的叶片会出现大片斑点并逐渐死亡,因此是监测硫化物、氯气排放的良好指示植物。

【摆放位置】

桃花可地栽于庭院、绿化小区、公园,是良好的春季观花树种。盆栽可作盆景,放置在阳光充足的晒台、阳台、屋顶花园上作监测指示植物。

【栽培与养护要点】

◇ 喜阳光、较耐寒、怕水涝,需种植在排水良好的沙质土壤及阳光、通风良好的空旷环境中。

◇ 生长期如光照不足,枝条长得细弱,节间会变长。

◇ 花期如光照不足,花色会变得暗淡,适应区域广阔,但冬天温度若在−25~−23℃则会发生冻害。

◇ 土壤中缺铁会出现黄叶病,尤其在排水不良的土壤中则会更严重。

◇ 开花前后应以施氮肥为主，配合磷钾肥，花芽开始分化及果实膨胀期以追施磷钾肥为主。

◇ 雨季要注意排水，并需注意控制树冠内部枝条，以利透光。

◇ 夏季要对枝条进行摘心，冬季对长枝作适当剪修，以促使多生花枝并保持树冠整齐。

◇ 盆栽桃树，当新梢长至20厘米时应摘心。

## 秋 海 棠

【植物特性】

我国是秋海棠的故乡，常见的观赏品种有四季秋海棠、竹节秋海棠、蟆叶秋海棠、银星秋海棠等。秋海棠也叫"八月春"或"相思草"。

四季秋海棠又名玻璃秋海棠，盆栽极多，花色有大红、粉红、纯白等色，有单瓣、重瓣，花期很长，四季开放。

马炜梁 摄影

竹节秋海棠茎节酷似竹节，小花簇生，色彩鲜红，高可达80厘米，宽大的叶片生长于中上部，甚为茂密，叶背为鲜红色，正面绿中夹白。

蟆叶秋海棠又叫毛叶秋海棠或猪耳秋海棠，它叶面像猪耳，很别致，有银白斑点或环纹，有点像蛤蟆表皮。

银星秋海棠的叶面上似星光一般闪闪烁烁，叶片为斜卵形，花白色而有红晕。

【观赏与应用】

秋海棠适宜于小型盆栽，可置于家庭中茶几、案头观赏，也适合庭院和阳台布置，特别是扦插苗，小巧玲珑，楚楚动人。秋海棠尤其是四季秋海棠可作庭院花坛,大面积种植十分艳丽,特别是叶子冬季暗红,花朵成簇,是理想的花坛材料。秋海棠在室内观赏可达2周左右。

秋海棠含草酸盐、强心苷、黄酮类、醇和三萜类。它味酸性凉,具有凉血止血、散瘀调经的功效,主治吐血、咳血、崩漏、月经不调、泄泻、跌打损伤等病症。

【监测空气的功能】

秋海棠可清除空气中的氟化氢等有害物质,同时它对氮氧化物也十分敏感,可作监测指示植物。一旦空气中有这些有害气体,叶片会有斑点甚至枯萎。

【摆放位置】

盆栽秋海棠可置于室内或阳台等处观赏,多布置在光线一般的地方。

【栽培与养护要点】

- ✧ 喜温暖湿润、蔽阳,忌高温、干燥、强光,不耐寒。
- ✧ 生长的适宜温度为15~25℃,超过30℃茎叶枯萎,花蕾脱落,气温35℃以上,地上部分和地下块茎容易腐烂死亡。
- ✧ 属于长日照时开花,短日照时休眠的植物,光照时间不足,叶片瘦弱纤细,光照过强,植株矮小、叶片增厚、蜷缩,叶色变紫、花朵不能展开。
- ✧ 应种在酸性土壤中。
- ✧ 夏季在室内应把它放在通风良好的蔽阴处,盛夏高温季节处于休眠状态,要控制浇水。
- ✧ 冬季移到窗前略见阳光。
- ✧ 因其要求较高的空气湿度,冬季室内若用空调或取暖装置,应把它用塑料薄膜罩上,造成四季海棠的湿润环境,温度不能低于12℃。

# 梅　花

【植物特性】

梅花是我国特产的名花,名列十大名花之首。人们将梅和松、竹合栽,以梅为前景,松为背景,竹为客景,构成"岁寒三友"之景观。梅

马炜梁　摄影

枝干苍劲挺拔, 花芽易于分化, 有"清客"、"清友"、"二月花神"之美称。梅花在早春先花后叶, 高可达10米, 西南地区花期在12月至翌年1月, 华中地区清明后开花。

冬末春初梅花凌寒独开, 它以"万花敢向雪中出, 一树独先天下春"的坚强不屈独步早春,得到人们的赞誉和欣赏。1919年,梅花曾被中国国民政府定为国花。

【观赏与应用】

前人品梅,多以"横、斜、疏、瘦与老枝、怪奇者为贵"。另外,人们也赞梅花有四贵,贵稀不贵繁,贵老不贵嫩,贵瘦不贵肥,贵合不贵开,这确有道理。枝疏则风神洒落,干瘦则骨骼清癯,株老则苍劲古朴,花合则含蓄不露,枝条横、斜,方多姿而不呆板。

梅花可治久咳不止、久痢不止、尿血、口渴烦热、咽喉肿痛等病症。

【监测空气的功能】

梅花对甲醛、氟化氢、苯、二氧化硫有监测作用,它受毒气侵害后,叶片即受伤,出现斑纹,是一种较好的监测植物。

【摆放位置】

地栽可丛植成片为梅林,很有中国古典园林的韵味。盆栽成为盆景更能赏其怪、趣、奇的景致,可放在化工厂及有污染疑点的地域进行监测指示。

【栽培与养护要点】

◇ 喜通风良好、光照充足、温暖湿润的气候,忌潮湿阴暗的环境与地形较高处,种植形美。

◇ 盆栽管理要注意盆土疏松、肥沃并加施基肥。

◇ 夏季花蕾形成之时和秋花孕蕾期应追肥,每半个月1次。

◇ 浇水要掌握润而不湿,防止积水。

◇ 梅花对温度颇为敏感,一般气温达到6~7℃时开花。

◇ 花谢后进行修剪,截短一年生枝条,促发新梢。

◇ 盆栽梅花上盆后要加强修剪,造成矮小多姿的树形。

◇ 较大的梅树移栽时需要重新修剪。

◇ 梅花开花时不能遭暴雨或大雨侵袭,否则会大量掉叶子和出现黄叶。

# 牡　丹

【植物特性】

牡丹为多年生落叶灌木,高可达1~2米。花期4月下旬至5月,9月份果熟。牡丹品种约为800多个。牡丹花形大、花色艳、花形美、花色清,所以在传统花卉中占有特殊的地位。牡丹别名富贵花、木芍药、鹿韭等。牡丹栽培历史已有1 500多年,隋代观赏牡丹已形成,当时已有

马炜梁　摄影

醉颜红、一拂黄、软条黄等。牡丹按其花色大致上可分为红花系、紫花系、白花系和黄花系;按花期早晚可分为早花种、中花种和晚花种;按花瓣的多少和层次可分为单瓣类、复瓣类、千瓣类和搂子类;按其实用价值又可分为药用种和观赏种。

牡丹花,花大色艳,富丽堂皇,是中国的名贵花卉,享有"花王"美誉。唐诗曰:"国色朝酣酒,天香夜袭衣",于是"国色天香"成为牡丹的美称。

【观赏与应用】

百花中牡丹居群芳之首,故有"花王"之称。它有"十绝",即花朵硕大,雍容华贵;开候相宜,总领群芳;叶形奇美,碧绿千张;品种繁多,千姿百态;花色丰富,绚丽多彩;花品高雅,劲骨刚心;株态苍奇,干枝虬曲;绝少娇气,易美好栽;花龄长久,寿逾百年;花可酿酒,根可入药。牡丹在园林中占有重要的地位,常以各种布局种植于庭院之中,无论群植、丛植或孤植都很相宜。

牡丹皮性味苦、辛微寒,有清热、凉血、和血、消瘀等功效。

【监测空气的功能】

牡丹对大气中的光、烟、雾的污染,如二氧化硫等十分敏感,根据污染程度的轻重,牡丹的叶片上会出现几种色泽不一的斑点,起监测污染的指示作用。

【摆放位置】

可栽种于庭院,盆栽可放置在阳台、晒台、屋顶花园中观赏。地栽可与"芍药"相配置,以"先牡丹后芍药"作春季花景。

【栽培与养护要点】

◇ 盆栽牡丹应选择适应性强、开花早、花型较好的洛阳红、胡红、赵粉等品种。

◇ 植株要选用芍药作砧木嫁接的3~4年小棵牡丹或具有3~5个枝

权的分株苗。

◇ 盆底可用粗沙子或小石子铺3~5厘米厚,以利排水。

◇ 盆土宜用黄沙土和饼肥的混合土,或用充分腐熟的厩肥、园土、粗沙以1:1:1的比例混匀。

◇ 填土要使根系舒展,不能卷曲,覆土后要用手压实,使根系与泥土紧密接触。

◇ 生长期要经常松土,每隔半个月左右施1次复合肥。

◇ 新上盆的牡丹不能施肥,尤忌浓肥,否则根会发霉烂死。

◇ 开花前可追施1~2次液肥,花后约半个月再追施1~2次液肥。

# 牵 牛 花

【植物特性】

牵牛花是一年生的观赏草本植物,它既粗犷,可以到处生长、开花,又细腻、雅致,花朵清雅,能以逆时针方向旋转而上,而且开花时色彩会变。宋代杨万里有诗"素罗笠顶碧罗檐,脱卸蓝裳着茜衫",对牵牛花的变色作了极其生动的描绘。

牵牛花为旋花科一年生攀缘草本植物,茎缠绕,多分枝。花期6~9月份,果期7~9月份,7~10月份果实成熟采收、晒干。牵牛花跨入传统名花行列也有千余年的历史了,不但有牵牛花花谱,而且历代有许多美妙的诗文吟咏。

牵牛花原产于热带、亚热带,我国中部、西南地区均有种植。

马炜梁　摄影

【观赏与应用】

牵牛花藤蔓缠绕,绿叶萋萋,青翠迷人。花开如唢呐,娇媚清姿,朝放暮罢。翌日另一节又吐出一枝枝花来，情趣无穷。据传，它从非洲传入我国，至少在宋代以前，早在《雷公炮炙论》中已有牵牛花的记载。

牵牛花用于闲地作绿被，短期内就会形成一层茵绿的轻纱。

牵牛子亦含牵牛子苷、脂肪油、蛋白质和糖类、裸麦角碱，其作用为进入肠内后刺激肠道，引起腹泻，对蛔虫和绦虫有杀灭作用，剧烈时能引起子宫收缩。

【监测空气的功能】

牵牛花能对空气中的光、烟、雾污染如二氧化硫有较强的监测作用。其叶片受二氧化硫的伤害即会产生斑点或枯萎。

【摆放位置】

牵牛花是垂直绿化的良好植物材料，盆栽、地栽都可以，阳台、晒台、屋顶盆栽种植，可点缀花景，还可以遮烈日。

【栽培与养护要点】

◇ 性强健，喜温暖向阳环境。

◇ 耐阴、耐瘠薄、土壤选择性不强，有自播成林能力。

◇ 以播种为主，4月份播种，先浸种1天，2枚叶子可以定植，6片叶时摘心，促进分枝，搭架供其攀爬。

◇ 宜在疏松肥沃的土中生长。

◇ 盆要大，用铁丝作架子。

◇ 种栽牵牛花肥水一般不太讲究，浇水要充足，但不能积水。

◇ 牵牛花生长快，仅数月就会形成茵绿的轻纱，需多摘心，分枝发达，更多分枝开花更为密集。

◇ 牵牛花种植也需防止风雨吹拔掉，因此要采取安全措施，不被吹散、断茎。

兼具观赏价值和净化空气功能的植物

## 大 丽 花

【植物特性】

大丽花又名大理花、大理菊、天竺牡丹、西番莲。

大丽花品种丰富多彩，按花色可分为白、粉、黄、橙、红、紫等。1519年，墨西哥人将野生大丽花从山地引至庭院。我国于19世纪后期引入大丽花，现有品种达700多个。大丽花之名是为纪念瑞典著名植物学家大理的名字，传到我国被译为"大丽"。

大丽花植株粗壮，花形硕大，花冠工整，容易栽培。大丽花有肉质块根，外形呈纺锤状圆球形。肉质块根含水量高，若土壤黏重，透气性差，易腐烂。大丽花花期为6~8月份，果熟期为8~9月份。

马炜梁　摄影

近年来已培育出适合花坛种植的矮生大丽花，株高25~30厘米，花叶小，花瓣平展，花径5~6厘米，有单瓣、半重瓣、重瓣，花色有白、黄、红、紫等。

【观赏与应用】

大丽花花形美丽，花期较长，花朵硕大，适宜在花坛、庭前丛栽，可制作成花篮、花束、花圈等。花朵丰满紧凑的蜂窝型品种常做切花，花形大者可盆栽观赏。大丽花花期长，花形高大丰满，初夏及秋季两次开花，单朵花可放10~15天。它的花色也十分丰富，株型姿态高低错落，十分绚丽。

大丽花块根内含"菊糖"，在医药上具葡萄糖之功效。块根有清热解毒和消肿作用。大丽花性味甘平，无毒，具有清热解毒、消肿散瘀的功效，主治痈疮疖肿、跌打扭伤等症。

【净化空气的功能】

大丽花能吸收空气中的硫化氢、二氧化碳等有毒有害气体，对居住环境起净化作用。

【摆放位置】

大丽花可以盆栽在阳台、屋顶，也可庭院栽植，起到美化环境净化空气的作用。大丽花以种植在室外为主，盆栽观赏，开花时可移入室内摆放。

【栽培与养护要点】

✧ 应选择排水良好的土壤栽种，以植在阳光充足之地为好，四周种上灌木可防强风吹坏。

✧ 炎夏季节注意浇水，一旦缺水萎蔫时，不能一次灌足，可分2~3次浇足，以便逐渐恢复。

✧ 因根部为肉质，浇水过多易腐烂，所以要根据其生长状况与气候条件适当浇水。

✧ 三伏天高温时，每天可喷2~3次水，以增加空气湿度。

✧ 第一次追肥应在7月中旬定植后进行，促进植株健壮，使根深入地下，以备雨季抗涝，立秋后可每周1次，连续不断，直到开花。

✧ 大丽花经不起风吹，当植株长到30厘米左右时，必须以竹竿作支柱，绑扎时不可太紧。

✧ 霜前留10~15厘米根茎，剪去枝叶，掘起块根，晾1~2天，即可放在室内以干沙储藏。

# 水　仙　花

【植物特性】

水仙花是由"水鲜"转化而成,别名很多,有天葱、雅蒜的雅号,还有姚女花、俪兰美名,又因在冬季开花,被称为雪中花。

水仙花是石蒜科多年生宿根草本植物,有白色的球茎,白色的细根,白色的花朵,碧绿的叶片,人们十分喜爱。单花期较长,达15天左右,为春节"节花"。

水仙花有两个品种十分有名,单瓣和重瓣。单瓣水仙,白色花瓣向四边舒开,中间长着金黄色的花蕊,极像小酒杯,十分迷

马炜梁　摄影

人;重瓣水仙有卷皱的花瓣,层层叠叠,上端素白,下端淡黄,花形奇特,皱卷成簇,玲珑剔透,被称为玉玲珑。

中国的水仙,过去曾被认为是从法国的水仙演化而来,但据史料记载我国远在六朝时代开始已种植水仙。

【观赏与应用】

水仙花的雕刻可分为笔架水仙和蟹爪两种。笔架水仙的开割,可用锋利的小刀从鳞茎的上部向下部纵横割成十字纹,使鳞茎松开,有利于花芽抽出,达到提前开花的目的。蟹爪水仙的切割可在鳞茎的基部用小尖刀割成弧形,再在两侧上部割成直线,将脐上鳞片剥去,直至有花芽显出为止,后在叶片的一侧距顶端一厘米处,沿着叶缘由上向下割到茎部,上狭下宽,待鳞茎削去后,会使花和叶片生长弯曲向上。

挑选水仙花要选择体大而坚实的鳞茎,手捏感觉踏实而丰满,主鳞茎球和鳞陪衬均匀。另外,顶部嫩芽要粗壮,鳞茎底部要呈凹形,且凹形要深。

【净化空气的功能】

水仙花对空气中的污染物如二氧化硫、一氧化碳、二氧化碳等有很强的抗性。

【摆放位置】

盆栽，置放在室内有阳光处。

【栽培与养护要点】

◇ 喜温暖、潮湿，尤其种植在冬无严寒、夏无酷暑、春秋多雨的环境更佳。

◇ 喜水，喜肥，对土壤的要求，以排水良好、深厚疏松、富含有机质的沙壤土为宜。

◇ 水仙花是短日照植物，每天只要6小时的光照就能正常发育，但不耐寒。

◇ 夜间温度控制在8~10℃，要想推迟花期可放在阴凉处，要让它提前开花，可把它放在温暖的地方。

◇ 为使叶片、花朵健壮，可用"晒水仙"的办法，即在白天把水仙放在室外背风向阳处，增加光照，傍晚移入室内，并把盆水倒尽，第二天早晨加清水。

◇ 水养水仙花不需要肥料就能开花，如在水中加入0.05%~0.2%的稀薄化肥，那么开花会极艳丽，且花期会稍延长。

## 菊　　花

【植物特性】

按植株性状和观赏造型，菊花有大菊和小菊两大品系。大菊的花和叶硕大，茎粗挺拔，栽培造型以赏花为主，如标本菊、大立菊等；小菊的花和叶纤巧，茎细柔软，栽培观赏以艺术造型为主，如悬崖菊、小菊盆景等。菊花按自然花期分早菊和晚菊。凡是10月1日前开花的，通称为早菊；10月1日后至11月份盛开的，通称为晚菊。

大菊的花型是由花瓣的精细曲直和数量层次种种形态变化形成的。目前共有30个花型,约2000个品种。品种名称有的是前人根据花色、姿容、风韵命名的传统名称,如"拂尘"、"鼠须"都是菊中花瓣较细的名种。瓣宽超过5厘米的单轮型名花"帅旗",意为帅立当中。近

马炜梁 摄影

年,北京兴起的"案头菊",株高10厘米,花大超过20厘米,雍容华贵,摆在几架台上欣赏,更有情趣。

【观赏与应用】

菊花与梅、兰、竹并列,号称"花中四君子"。菊花开在深秋,花朵端庄,姿态万千,色彩绚丽,是中国十大名花之一。深秋菊还被园艺家用艺术加工手法,培育成大立菊、塔菊、悬崖菊等造型,许多地方还举办"菊花盛会",使人们领略到菊花的迷人风采。

菊花还可药用,有清热、益肝、补阴、明目的功效。古时菊花入鱼羹,味鲜美,曰"菊花羹"。

菊花从营养角度分析,它含有17种氨基酸,其中,谷氨酸、云冬氨酸、脯氨酸含量最高。此外,它还含有维生素及铁、锌、铜、硒等元素,为一般蔬菜无法比拟。

【净化空气的功能】

菊花能抵御和吸收家用电器、塑料制品散发在空气中的乙烯、汞、铅等有害气体,而且对二氧化硫、氯化氢、氟化氢等有很强的抗性。

【摆放位置】

菊花可盆栽、地栽,种植于庭院、阳台和野外空旷之地。盆栽开花时入室,可赏菊和净化室内空气。

【栽培与养护要点】

◇ 适应性强,喜凉爽,较耐寒,生长适宜温度为18~21℃,最高32℃,最低10℃。

◇ 喜阳光,也稍耐阴,忌炎热、雨涝,宜腐殖土多而排水良好的沙质土壤,花期在10~11月份。

◇ 生长期每日给予8~10小时光照,则70~75天可开花,遮光时间为早、晚,且遮光要严格,不能中断。

◇ 延期开花,可在9月上旬,每晚给予3小时电灯照明,100 W可照1.2平方米,在停止光照后起蕾开花。

◇ 施肥不能过浓,肥料不能沾污叶片,施肥后要浇透水。

◇ 梅雨季节须注意排水,天气过于干旱,早晚给叶面浇水。

◇ 开花期,不能施肥太浓,否则会使花早谢。

◇ 病虫害要以预防为主,苗活后,每10天要喷洒杀虫液。

## 苏　铁

【植物特性】

苏铁是一种珍贵的常绿植物,其干似鳞甲,坚硬如铁,又因喜铁元素肥料,故称"铁树"。由于它的叶片为羽状,酷似凤尾,故又被叫作"凤尾蕉"。

马炜梁　摄影

苏铁是雌雄异株的植物,在夏季开花。雄花似一枝金黄色的大玉米心,由无数鳞片状的雄蕊组成;雌花像一只灰绿色的排球,由一簇羽毛状的心皮组成,十分奇特。铁树的雌株能结出鸡蛋似的红色果实,俗称"凤凰蛋"。

苏铁性喜温暖和阳光,土壤以肥沃的带微酸性沙壤土为宜,栽培环境需通风良好。3~9月份生长,适宜温度为24~27℃,9月份至翌年3月份为13~18℃。上海地区稍加保温措施就能安全越冬,但在温度低于0℃时即会受冻害。铁树寿命很长,一般可达200多年。

【观赏与应用】

苏铁树形古朴,主干挺拔,四季叶子翠绿,给人以庄重、沉稳和刚强的感觉,适宜于庭院孤植、对植和丛植。苏铁经过艺术加工,还可制成盆景,十分有韵味,或斜、或仰、或倚,很有热带情趣。苏铁极易受介壳虫的危害,多隐藏在小叶的背面,在通风不良的环境下还会伴生煤污病。

铁树中还有一种华南苏铁,俗称"广铁",高可达4米以上,叶丛呈直上生长状,羽状叶长1~2米,羽片宽条形,叶缘扁平或微翻卷,叶上部之羽片渐短,产自印尼和非洲马达加斯加等地,我国亦有盆栽,但观赏价值不及前者。其栽培方法与苏铁相同。

【净化空气的功能】

苏铁能净化空气中的二氧化硫、过氧化氮、乙烯、汞蒸气、氟、铅蒸气等有害气体。

【摆放位置】

苏铁可栽植于庭院,也可盆栽制作盆景作观赏用。

【栽培与养护要点】

◇ 喜肥,喜潮湿和温暖,要注意浇水和排水,雨后盆内不能有积水。

◇ 成活后可施薄肥,每年追肥2~4次。

◇ 叶片出现成片黄叶,是缺铁的表现,应施硫酸亚铁补充营养,也可放铁皮、铁钉于盆土上,任铁质渐渐渗入土中。

◇ 春夏季叶片生长旺盛,需多浇水,并在早、晚喷水数次,增加湿度。

◇ 入秋后,气温逐渐下降,浇水应控制,每3~5日1次,冬季间隙可更长些,以干燥为好,低温加潮湿,容易烂根。

◇ 室内通风不好，叶片易遭介壳虫侵害，严重时叶发黑，失去观赏
　价值，可用0.05%的1605防治。

◇ 花开后应随时剪去老叶，若任其发展，则两三年内不生新叶。

# 吊　兰

【植物特性】

　　吊兰根叶似兰，花梗横伸倒偃，宜悬空凭虚，因而得名吊兰。吊兰
性喜温暖湿润，不耐寒，江南地区也多作盆栽悬吊观赏，冬季宜入室越

马炜梁　摄影

冬。种植吊兰，要选择腐殖质丰富的沙壤土浅栽，不可将土掩心。

　　夏日要遮阴，冬日要避冻，平时注意盆土疏松湿润，每隔半月施一次稀肥水。每年春季倒盆一次，疏去老根，换上肥土，这样才能使吊兰终年植株健壮。夏季是生长旺盛的季节，每隔10~15天施1次薄肥，10月上旬寒露节前移入室内，挂在窗前或把盆子放置在书架顶层，使其匍匐枝垂下。每隔7~10天用与室温相近的温水喷洗一次枝叶，以防灰尘落满叶面而影响生长。

　　吊兰可根据叶的颜色分为金边吊兰、金心吊兰和银边吊兰、银心
吊兰等。

【观赏与应用】

　　吊兰的观赏在于"吊"字，以吊起观赏为佳，尤其悬空飘垂，茎顶
还带着萌发的气生根的小株，十分美丽，如仙鹤展翅。春天时，白色小
花伸展在垂叶之中，花姿随风摇曳，翠影轻翩，如清碧的泉水，徐徐流
淌，给室内点缀几缕春色。吊兰宜在室内绿化悬吊装饰，也可栽植在
山石盆景的奇特树桩上，姿态雅致，备觉动人。吊兰含有石斛碱、石斛

胺等成分,还含有淀粉、维生素B$_1$、维生素B$_2$、胡萝卜素。吊兰味甘,性平,有养阴清肺、润肺止咳及活血作用。

【净化空气的功能】

吊兰能在微弱的光线下进行光合作用,吸收有毒气体,尤其能吸收空气中95%的一氧化碳和85%的甲醛。吊兰还能分解由复印机等排放的苯。另外,吊兰还有吸收烟中尼古丁的作用。

【摆放位置】

盆栽、悬吊在房间的窗台、阳台来美化居室,也可放在卧室、客厅、书房起净化空气的作用。

【栽培与养护要点】

◇ 繁殖很容易,只要信手剪取茎顶的小株,埋入土中即能成活。

◇ 如果以种子播种,要选择春秋季节气温在15~20℃时,只要半个月,便能发芽。

◇ 即使在冬季,只要做到合理浇水,挂在室内避风向阳处,它仍然能生机勃勃。

◇ 喜欢温暖湿润的半阴环境,不耐寒,冬天要保持在5℃以上才能过冬。

◇ 吊兰要种在疏松、肥沃的沙质土中。

◇ 要浅种,不能将土掩心,否则容易腐烂。

◇ 对光线要求不严格,一般在中等光线条件下就能生长,也能耐弱光;但叶片对光反应十分灵敏,如光线不足或太足都会出现叶色太淡或缺乏生气。

## 常 春 藤

【植物特性】

常春藤叶缘微有波状,脉络青白,色较显著,叶面长有紫红色晕,经霜后色彩更多,果实为橘黄色。其品种还有花叶常春藤、加拿大常春藤、

马炜梁　摄影

瑞典常春藤等，但瑞典常春藤是属唇形科的常绿灌木，其余为五加科的多年常绿藤本植物。加拿大常春藤叶片大，叶色调和，风姿淡雅清新，叶片犹如一幅水墨画，富有诗情画意。花叶常春藤其藤枝蔓叶终年常青，叶片姿态潇洒，稀疏相间，错落有致，色彩斑斓。

常春藤是室内外垂直绿化的理想材料之一，或作攀附观赏，或作盆景小品玩赏，以悬垂式为最好。如全绿常春藤，叶片多呈三五裂，基部为心脏形，姿色很美。

【观赏与应用】

小品盆栽可用疏松沙质土壤或腐殖土，栽植高深盆中，以悬崖式最为美观。如用圆盆也可，用两根细些的枝条各自两端沿盆壁插入泥土，交叉构成十字形长圆框架，使藤蔓盘旋缠绕其上，秀逸飘洒。开花后，鲜红球果缀于其间，与叶片相衬，漾绿泛黄，犹如一幅美丽的油画，清新爽目。

常春藤的茎叶可入药，其性味苦，有祛风、利湿、平肝、解毒的功用。可治关节酸痛、脱肛、产后感冒头痛等病症。常春藤的欣赏价值还在于它生性滋蔓，借气根攀援树木，绰约可爱，是点缀树木的佳品。

【净化空气的功能】

常春藤可吸收有毒物质　苯，24小时中在有照明的条件下，可吸收室内90%的苯。它还可吸附微粒灰尘，净化空气。

【摆放位置】

以盆栽悬吊室内外欣赏，有丰富空间层次和美化环境的作用，其色彩典雅,风韵幽美。

【栽培与养护要点】
- 对土质要求不严,多用肥沃疏松的土壤作基质。
- 怕酷热,要放在通风处,室温在20~25℃之间,冬天须保持在10℃以上。
- 浇水不宜多,但盆土要保持湿润,夏季要多向叶面、枝条喷水,增加湿度,有利生长。
- 春、夏、秋三季浇水要见干见湿,不能使盆土过分潮湿,否则会烂根落叶。
- 生长季节每月施1~2次薄肥。
- 春季易受蚜虫危害,在高温干燥、通风不良的条件下也易发红蜘蛛、介壳虫危害,应及时喷药。
- 早春或黄梅期可选择粗壮的嫩枝扦插。
- 要保持芽点不被抹掉,否则会影响新株的成活。

## 虎　尾　兰

【植物特性】
　　虎尾兰又名千岁兰、虎皮兰、老虎尾等。虎尾兰有肥厚的肉质叶片及根茎,很适应干旱、缺水的环境。虎尾高可达80厘米,总状花序,花为白色至淡绿色,有香味,开花在春夏。其栽培变种有金边虎尾兰,叶缘为金黄色;短叶虎尾兰,叶片只有10厘米长;黄边短叶虎尾兰,叶片长10厘米,有金黄色的宽边;还有银纹虎尾兰、白斑虎尾兰、黄斑虎尾兰、银边短叶虎尾兰等。

　　虎尾兰在当前流行的多肉

马炜梁　摄影

质植物中,以肉厚、色深、叶子上有奇特的金黄色条带而受人们喜欢。它叶形如剑状,刚劲挺拔,十分有韵味,布置在厅堂很有气魄。

虎尾兰原产于热带干旱的非洲西部,它有极厚的多肉质叶片及肥厚的地下根茎,很适应干旱及缺水的环境。

【观赏与应用】

虎尾兰为常见的盆栽观叶花卉,用于室内装饰,点缀案头。最漂亮的虎尾兰有金边虎尾兰、银边短叶虎尾兰、棒叶虎尾兰等,现在虎尾兰同种植物约有60多种。栽种虎尾兰宜用紫砂筒盆,因为虎尾兰叶丛直立上长,很像利剑,用紫砂筒盆种植能显示它的古雅、刚劲,犹如绿色武士的雄姿。

在多肉植物中,虎尾兰以肉厚、色深及奇特的金黄色条带在观赏植物中享有很高的声誉,它叶呈剑形,形态特别美丽。虎尾兰四季常青,凌冬不枯,碧叶茂荣,室内绿饰,可展热带风光。

【净化空气的功能】

虎尾兰有很强的吸收甲醛的功能。有资料记载,约15平方米的房间内,放置两盆中型虎尾兰,就能有效地吸收室内所释放的甲醛。

【摆放位置】

以盆栽为主,宜放在光线明亮、通风的室内,如会客厅、卧室、书房、电脑房,以起净化空气的作用。

【栽培与养护要点】

✧ 耐旱性极强,必须待盆土干透后才能浇水。

✧ 每隔1~2个月施含氮、磷、钾的稀释肥液,便能满足其生长需要。

✧ 生长适温为20~25℃,冬季在10℃以上的室内即能过冬。

✧ 夏天避免直射阳光,其他季节要有适当的光照,有利于生长。

✧ 虎尾兰因生长迅速根茎粗大,因此每年要进行换盆。

◇ 虎尾兰种植遇高温要多浇水,经常保持盆大湿润。

◇ 冬季宜放在阳光处,控制浇水,每隔7天向叶面喷水一次;冬天因气温低,植株处于休眠期,需要土壤适当干燥,等盆土几乎全部干燥时再浇水,宁干勿湿,过湿根茎会被冻死。

◇ 虎尾兰可以水养,但水要清洁,需勤换水。

## 冷　水　花

【植物特性】

冷水花又叫透明草、蛤蟆叶海棠、白雪草、铝叶草等,为荨麻科多年生常绿草本或亚灌木植物,高15~40厘米,茎叶稍多汁,光滑,易分枝。

冷水花原产于东南亚或美洲热带地区,分布于热带、亚热带林下。在散射光下生长良好,不耐寒,怕霜,冬季移入室内即可越冬,适应性强,对土壤要求不严。适合冷水花生长的温度为15~25℃,冬天不能低于5℃,空气湿度为60%。

马炜梁　摄影

冷水花叶片略显皱褶,叶脉青绿色斑纹凸起,呈银白色,株丛呈披散状,枝叶小巧秀雅,可供案头陈设,也可供吊盆或吊篮观赏。

【观赏与应用】

冷水花观赏的美在于绿叶片脉间银白的条纹,似白雪飘落,其叶十分别致,是观赏植物中不多见的一种叶片,放在室内十分美观。冷水花开花时会像火炮一样散发出花粉,故又称"火炮花"。

冷水花的室内布置可用吊盆、吊篮栽植,挂于室内,如再配以白色浅盆,则更显得雅致。冷水花叶片美丽,又叫做"透明草"、"白雪草"等。它生长快,短期内就可布置在室内观赏。

【净化空气的功能】

冷水花能净化厨房烹饪时散发的油烟,是厨房内理想的环保植物。

【摆放位置】

盆栽冷水花可放在室内,光线较暗的地方它也能健康生长。宜摆放在厨房、卫生间、客厅、卧室等处,此花耐阴性强。

【栽培与养护要点】

❖ 对环境湿度要求较高,平时要保持盆土湿润,并向叶面喷水,保证有较高的环境湿度。

❖ 在生长季节每月宜施1~2次液肥或颗粒化肥,但要注意不能将肥料触及叶面。

❖ 最好在施肥后用水轻洒,以洗去叶面上可能沾上的肥料。

❖ 生长期间还要注意避免日光直射,特别在夏季若被阳光直射,会使其叶子泛黄,叶面上的白斑也会不明显,影响观赏效果。

❖ 冷水花的透光率在30%~50%的条件下,叶色最好看,白、绿分明。

❖ 浇水时不要用水经常喷叶面,否则会出现黑斑。

❖ 冷水花种植要注意适宜温度,冬天不能低于5℃,适宜生长温度为15~25℃。

❖ 冷水花繁殖可用水插法。

# 龟 背 竹

【植物特性】

龟背竹叶形大,茎较粗,可以长得很高,特别是茎上有许多胡须状的气生根,极有原始森林的野趣。龟背竹原本生长在美洲墨西哥的热带森林中,它的羽状平行叶脉清晰挺露,形似芭蕉,故又叫"蓬莱蕉"。

本名龟背竹,那是因为它叶脉间椭圆形的孔眼形似龟背壳纹的缘故。另外,团龙竹、电线兰也是它的别名,那是因为它粗壮的茎干往往盘曲似龙,纵横交错,如电线悬挂。

龟背竹在拉丁语中意为"绿野怪物",它开花非常奇特,如船底般的花苞,呈黄白色,花大如掌,花期8~9月份。内藏肉穗花穗长20~25厘米,能结果实,果实则为浆果。果实成熟后可用来做菜食,有甜味,香味像凤梨或香蕉。但要注意果实未成熟时不能吃,有较强的刺激性。

马炜梁　摄影

【观赏与应用】

在南方庭院中,可散植于池旁、溪沟和石隙中。值得一提的是,龟背竹叶片上的孔眼和缺刻,有虚有实,新奇有趣,悬挂的气生根盘于盆口,更显得古朴雅致,清气浮动,满室生辉,真是观叶植物中的佼佼者。

龟背竹的花果可食用。肉穗花序鲜嫩多汁,在原产地多作上等蔬菜食用,清凉爽口,花序外面的黄色苞片相当肥厚,可生食,也可油煎后熟食,浆果的风味尤佳,可作水果食用,味似菠萝。

龟背竹布置在房间内,叶大茎粗而且有气生根,极有原始热带森林野趣。

【净化空气的功能】

龟背竹能清除空气中的有害物质甲醛,起净化空气的作用。

【摆放位置】

可摆放在室内或走廊上,现有微型龟背竹,可放于书房内。

【栽培与养护要点】

❖ 喜暖,畏寒,好生于湿润、半阴的环境,最怕强光照射和空气干燥。

❖ 土壤要肥沃,夏、秋是它的生长旺盛期,每月要追施以氮为主的肥料1~2次。

❖ 冬季需放在10℃以上的室内,至少要保持5℃以上的温度,否则叶片会被冻焦,盆土宜偏干。

❖ 冬季栽培的关键是要控制浇水,以防因水分过多引起烂根,但仍应保持湿润,每隔7~10天喷1次叶面,以保持植株鲜艳清新,生长最佳温度为20~27℃。

❖ 早春4月份从茎上剪下带节的部分,至少两节,将气生根去掉,带叶直接扦插在栽植盆中,浇透水,1个月左右就可生根。

❖ 将龟背竹气生根纳入土内,可以帮助吸收养料。

## 君 子 兰

【植物特性】

　　君子兰有两个独立种。一个叫大花君子兰,一个叫垂笑君子兰。前者的叶子较宽、短、厚,花朵较大,直立,多朵,呈伞状花序;后者的叶子较长、窄、厚,花朵较小下垂,多朵花也呈伞状花序。人们都认为前者有一种坚实之美感,它花朵朝天向上,色泽是外面黄红色,内面的下部带黄色,有艳丽的姿色;而后者花虽小些,但它的小巧玲珑和下垂,也颇有特色。

　　君子兰原产于南非地区的山间森林里,常年温度在18~28℃,形成了怕冷畏热的习性,夏季,气温在30~35℃的地方种养君子兰必须采取降温措施,冬寒-4~5℃必须

马炜梁　摄影

有防寒措施。小苗与短叶品种需要24~28℃的温度，长叶、中叶喜欢20~25℃的生长温度。夏季处于30℃以上，一段时间后叶片会发生生理性病害。

【观赏与应用】

君子兰叶片宽厚，花期长，为室内极好的观赏盆花，尤其布置会场、会客厅，极其美观、端庄，花美，叶美，又耐阴。

君子兰枝形端正，叶片对称终年常绿。花开时大而美丽，姿态幽雅，气质雍容，花、叶、果都有很高的观赏价值。由于君子兰的花期接近春节，所以很受人们喜欢。大花君子兰一般用于会场、宾馆，有点缀热闹，增添喜庆之功效。

君子兰有一定的药用价值，其提取物有明显的抗癌作用。君子兰还能抗病毒，特别是对导致胃肠疾病的病毒有作用，也可用于治疗肝炎、肝硬化等病症。

【净化空气的功能】

君子兰有较强的净化空气功能，尤其是它的厚叶片，对硫化氢、一氧化碳、二氧化碳有很强的吸收作用。另外，君子兰还能吸收烟雾，调节室内混浊空气。

【摆放位置】

以盆栽置于客厅，不宜放置卧室，在夜间，君子兰会消耗氧气，吐出较多二氧化碳，对睡眠健康不利。

【栽培与养护要点】

✧ 施肥可用氮肥和磷肥，氮肥可选芝麻或黄豆，磷肥为骨粉，氮肥以芝麻肥最好；固体肥作基肥，液体肥作追肥，一般小君子兰苗，除在盆底放固体芝麻肥外，还得1个星期施1次液体肥。

✧ 8片叶子以上的大君子兰可每月施液体肥1次，浓度可视品种不同而不同。

✧ 要选择通风良好的环境，而且要放在半阴处，要求富有营养和含有腐殖质的土壤。

✧ 盆栽幼苗长到5~6片叶子时进入生长旺盛阶段，要供给充足的水肥，保持盆土湿润。

✧ 盛夏避雨防涝，避免阳光直射，经常向叶面喷水，既除尘，降温，又能增加空气湿度。

✧ 常见的病害有软腐病和叶斑病，可用乙拌磷防治。

# 发　财　树

【植物特性】

发财树的学名是马拉巴栗，是近年观叶植物中崛起的一颗新星。它原产于墨西哥、哥斯达黎加。发财树树干挺拔，树皮青翠，上细下粗，基部肥大，好像胖子的上腹部。它是非常美的树种，掌状叶、小叶7~11片，近无柄，长圆至倒卵圆形；花白色、粉红色，花长可达22.5厘米，花期在6月份。

发财树的叶子似纺锤，它耐阴能力极强，在阳光极少的室内放置2个月以上，叶子也不会枯黄，因此作为室内装饰材料很受欢迎。另外，它的植株可编织成辫子状的盆景，也很别致，在观赏植物中确实不多见。在国外，发财树被视作木本油料作物，因为它能结成略似芒果的果实，内有种子仁10多粒，每粒大如枣子，每株每年产种仁一两千克，含有丰富的油脂，经炒熟后甘香酥脆，既可榨油，又可配制巧克力糖。

马炜梁　摄影

【观赏与应用】

适宜种在盆内,摆设在宾馆、酒家及歌舞厅,富有热带情趣。家庭种植可供室内观赏,能使房间变得生机勃勃。

发财树的植株可编成辫子状,形态奇特,作为室内绿化装饰极为别致,所以人们都喜欢放在室内观赏。另外,发财树有"财源滚滚"的吉祥寓意,在花卉礼仪中有祝贺财运的意思,所以人们在春节、元旦等节日喜欢将发财树作为一种礼仪植物相互馈赠。同时它开的花极为美丽,也常作为稀奇的热带花卉来观赏。同时,因种子可榨油,又是很好的经济植物。

【净化空气的功能】

发财树又称马拉巴栗,是联合国推荐的国际环保树种之一。种植发财树能有效地净化周围空气,尤其对一氧化碳和二氧化碳有强烈的净化作用。

【摆放位置】

室内盆栽布置于客厅、走道内,富有热带情趣。

【栽培与养护要点】

◇ 生命力极强,能抗寒也能抗热,能耐旱也能耐湿。

◇ 喜阳光,也耐阴,是强阳性植物,但夏天种养,需遮阴。

◇ 春秋两季应该放在室外阳光充足的地方。

◇ 喜欢水分,所以保持空气湿度极为重要。

◇ 浇水时要注意,泥土过分潮湿会引起烂根和掉叶现象。

◇ 盆栽马拉巴栗在5~9月份的生长旺盛期进行施肥,可促使植株叶茂茎粗。

◇ 换盆可在5~7月份进行。

◇ 在0℃以下也会受冻害,若冬天浇水过多,会造成泥土潮湿而烂根、掉叶。

◇ 注意叶螨危害，如果叶片有斑点表示已有虫害，要进行喷药灭除。

# 百　合

【植物特性】

百合鳞茎瓣瓣紧抱，尤其是20瓣鳞茎重叠累生在一起，仿佛百片合成似的，状如白莲花，所以取名百合。全世界大约有100种百合品种，我国原产有40多种。百合叶翠娟秀，花由喇叭形的6片组成，花期6~8月份，果期在9月份。我国著名的百合品种大致有麝香百合（铁炮百合）、王百合（蛾眉百合、王香百合）、卷丹（虎皮百合）、青岛百合、兰州百合（大卫百合）、鼠子百合、山丹百合（野百合）等。

马炜梁　摄影

麝香百合开花数朵，花形如喇叭，呈蜡白色，茎部带绿，香味浓烈。王百合是20世纪在川西北峪石隙中发现的，花形似喇叭，有芳香，花为黄色。台湾地区百合花顶生1~4朵，多者7~8朵，喇叭形，芳香，花期为6月上旬至7月上旬。卷丹百合为食用百合，花色为橙红色，内有紫黑色斑点，花丝细长。

【观赏与应用】

百合含有"百年和合偕老"的寓意。百合花在欧洲人的心目中具有极为重要的位置，被誉为"天堂之花"、"圣母之花"，是圣洁、神圣的象征。法国人推举百合花为国花，欧洲建筑和壁画中也经常可以见到百合花的图案。百合极适于庭院栽培，尤其在布置花境、花坛，可作大块布置，很成景色。百合可作盆栽观赏、切花材料，其中麝香百合花朵皎洁无瑕，晶莹雅致，幽香四溢。

百合性平味甘,鳞茎可供药用,具有清润心肺之功效,适用于咳嗽吐血、干咳久咳、热病后余热未清、失眠多梦等病症。

【净化空气的功能】
百合能吸收空气中的一氧化碳、二氧化硫,净化室内空气。

【摆放位置】
百合可地栽盆栽在庭院中观赏,也可做切花,是良好的插花材料。

【栽培与养护要点】
◇百合为短日照植物,喜冷凉、湿润的气候。
◇土壤要含腐殖质多,略带酸性的,排水也要好。
◇喜半阴环境,耐寒却不耐热。
◇花后2个月左右,约9月份间掘出鳞茎重新栽植,不宜过迟。
◇宜深栽,深栽依品种与鳞茎大小而定,土质黏重的可稍浅,疏松的宜稍深。
◇4月中旬抽芽和开花前各追肥1次,孕蕾期再施追肥1次。
◇梅雨和暴雨季节要及时排水,防止根茎腐烂。
◇多摘株芽,可控制营养消耗,促使花大而鲜艳以及鳞茎膨大。
◇遇干旱时,要适当浇水抗旱。
◇百合生长期长,栽种前要施足基肥。

## 金 橘

【植物特性】
金橘也叫金柑,别名有金枣、山橘等。金橘夏季开花,花为白色,有芳香。秋天果熟,果实呈卵状球形。金橘原产我国,传说有四悦,"味悦人口,色悦人目,气悦人鼻,誉悦人耳"。

马炜梁　摄影

金橘适宜种植于肥沃、疏松、略带酸性、排水良好的沙质土壤中。金橘耐寒，可植于庭院，矮生树种适宜盆栽。若作盆景桩景时，应在选购时挑选植株粗壮、树冠有型、果实发光、叶无斑点的良种。

地栽金橘耐寒，能承受 $-3\sim-2\,℃$ 的低温。金橘在微碱土中也能生长，但长势比在微酸土壤中差。寒冷地区金橘宜在温室内栽培。

金橘为常绿灌木或小乔木，高可达3米。金橘叶小、花小、果小，十分适宜作盆景观赏。

【观赏与应用】

金橘，春天里绿叶一片青碧，入夏，洁白的小花挂满碧绿的叶腋，呈现出"绿叶素荣、纷其可喜"的风采。秋时颇有苏东坡的"一年好景君须记，正是橙黄橘绿时"的景色。黄果灿灿，有的掩于叶底，有的挂于枝头，令人雅兴顿生。入冬，常绿的叶子，优美的树姿，给人阵阵春意。尤在隆冬时节，室内点缀一盆，锦果茂盛，案头清供，令人心旷神怡。

金橘性温，味酸、甘。根苦、温、无毒。根、果均可入药。果实在冬季、翌年春季采摘，均可盐腌晒干。它能治胸闷郁结、咳嗽，食欲不振，胃痛等症。

【净化空气的功能】

金橘能净化空气中的汞蒸气、铅蒸气、乙烯、过氧化氮等有害物质。同时对家用电器、塑料制品所散发的气味也有一定的吸收和抵抗作用。

【摆放位置】

宜放置在阳台、窗台、室内观赏。其果金黄，可观赏、食用。在春节,颇有"黄金源源而来"之意。

【栽培与养护要点】

◇ 清明过后移至室外,剪枝,以蓄积养分。

◇ 孕蕾期追薄肥1次,确保坐果率。

◇ 初冬时为延长挂果时间,可摘除一些花果。

◇ 盆土稍干些,待叶片微呈萎蔫时,再浇足水、肥。

◇ 喜肥,多施磷、钾肥。

◇ 早春第一次修剪后施1次腐熟的液肥,以后每隔10天施1次。

◇ 入冬室温在3~5℃,若室温高,浇水多,会影响来年开花结果。

◇ 要使花多,可用修剪控制树姿。

◇ 在花芽分化期要适当控制浇水量以抑制夏季徒长,可在盆土发白、叶片略卷曲时浇水。

# 兰 花

【植物特性】

我国传统栽培的地生兰有春兰、蕙兰、建兰、墨兰等。春兰又叫草兰或山兰,根长而粗,呈绳索状,花茎直立,花为浅黄带绿,淡香,每一花梗上生花一朵,春分前后开。也叫建兰,其叶较春兰宽长而坚挺,有的6~8月份开花,也有的8~10月份开花,一梗花有4~10朵,最多可达13朵,秋兰花较小,有淡绿色、淡黄绿色等,有紫条纹,其香味最浓。夏兰,也叫蕙兰,俗称九节兰,叶似春兰,但长而刚,谷雨开花,每一梗上生花7~8朵,甚至10余朵,但香味远不如春兰和秋兰。墨兰又叫报岁兰、拜

马炜梁 摄影

059

岁兰、人岁兰等,叶呈剑形,根粗,开花期在9月份至翌年3月份。

【观赏与应用】

兰花以香取胜,花开时欣赏价值最高。欣赏兰花十分讲究色、肩、捧、舌,以纯朴淡雅为优良品种。不少文人更以花冠纯白的素心兰为佳。置于居室,不仅印证着"雅室何须大,花香不在多"的哲理,还平添了"坐久不知香在室,推窗时有蝶飞来"的情趣。兰花的花姿有的端庄挺秀,有的雍容华贵,富于变化。

兰花的花、根、茎均可入药。春兰的花有理气、宽中、明目、利湿、解毒的作用,能治久咳、胸闷、肿疮毒等症。

【净化空气的功能】

兰花能吸收空气中的甲醛、一氧化碳等有害物质。

【摆放位置】

以盆栽放置在室内或阳台、窗台、客厅之处为宜,也可瓶插。若种在庭院中,配在假山旁,更具野趣。

【栽培与养护要点】

◇ 喜温暖湿润的环境,忌高温、干燥和强光。

◇ 宜用含腐殖质、疏松肥沃的微酸性土壤种植。

◇ 夏、秋的盆土宜潮湿,冬、春的盆土宜微燥。

◇ 施肥宜熟、宜薄,忌暴,保持营养平衡。

◇ 夏天每日喷1~2次水,冬天,盆土不干不浇。

◇ 可用储存1天后的淘米水浇在盆中,还可用削下的苹果皮、核,浸泡在水中1~2天后再浇。

◇ 喜凉爽,忌闷热,夏天要遮阴,冬天则要放在避风保暖处,严冬则要采取保暖措施。

◇ 生长期可用稀释的有机液肥,每15~20天施1次。

◇浇水用雨水浇最理想。

# 山　茶

【植物特性】

《本草纲目》中记载："山茶花其叶类茶，又可作饮，故得茶名"。

山茶花有色、香、韵、姿的优越条件，一直为人们所推崇。1673年日本人最先从云南引去一个半重瓣品种，取名"唐椿"，1909年英国人又从云南取去野生茶花种子带往植物园进行杂交育种。继而美、法、意、荷兰、西班牙、澳大利亚等国也纷纷购买大批茶花种苗栽种。山茶花现已成为世界名花。

马炜梁　摄影

我国山茶花的发源地是在南方，云南、四川、广东、广西和浙江等地栽培十分广泛。山茶花早在1 200多年前的唐代就已栽培，到了宋代更为广泛，云南更以种植山茶花而闻名。

金花茶于1960年在我国广西被发现，轰动世界园艺界。

【观赏与应用】

山茶花风姿秀美，色彩艳丽，开花在早春，而且"叶硬经霜绿，花肥映雪红"。在南方，山茶可丛植或散植于庭院、花径、假山旁，也可栽于草坪及树林边。若早春把山茶与杜鹃、白玉兰配置，开花时争奇斗艳，呈现"春繁"景色。

明代归有光，对茶花极为推崇，他认为，唯有山茶花有奇质，花期长、耐冬雪、花色艳而不妖，树叶绿而不衰，姿容富贵，品格坚贞，赞叹"吾将定花品，以花拟三公"，可见山茶花是点缀早春时节的俏丽良花。

【净化空气的功能】

山茶花对二氧化硫、氟化氢、氯气、硫化氢、氮气等有吸收的作用。

【摆放位置】

山茶花可以地栽点缀庭院，早春开花十分美丽，还可以盆栽放在晒台、屋顶花园、窗台等有阳光之处。另外，山茶种植在学校、医院、街头，可以起到环保作用。

【栽培与养护要点】

◇ 喜欢温暖湿润的气候，适应肥沃而排水良好的酸性土。

◇ 耐阴，在寒冷与炎热之处都生长不好。

◇ 适宜温度为18~24℃，相对湿度在60%~80%。

◇ 花期长，多数品种为1~2个月，单朵花期一般为7~15天。

◇ 开花期要停止追肥并控制浇水，花后要移入室内，室温不低于6℃。

◇ 花蕾过多，可将小的疏掉，以使营养集中。

◇ 11月初移入室内，注意透光和通风换气，防止病虫害的发生。

◇ 要多施肥，以施腐熟肥饼肥作基肥，也可加入少量过磷酸钙及镁磷肥等。每个月施肥2次能促进开花。

◇ 主要病害有炭疽病和褐斑病，可用1:200波尔多液在4~6月份喷洒。

## 天　竺　葵

【植物特性】

天竺葵是多年生草本植物，幼株草本状，老株主茎半木质化，粗壮而中空，表面光滑呈灰色，节部明显，嫩枝淡绿色，上被茸毛，柔软多汁，株高40~80厘米，全株具有一种特殊的气味。植物伞状花形，自叶腋抽生或顶生。小花有数朵至数十朵，花朵全部开放后呈球形，花梗较长，约20厘米，花色有红、玫瑰红、粉红、洋红、紫等色。夏初开花最盛,果为五分果,成熟时呈螺旋状卷曲。种子长椭圆形麦粒状。栽培品种有银边天竺葵、金边天竺葵、银心天竺葵。近年来,又盛行栽培毛叶天竺葵,叶似马蹄,花很大,如用手触摸它的叶子和花,会发出一股电石味的异味,使人不适。天竺葵同属植物约有250多种,常见的有大花天竺葵、香叶天竺葵、蔓性天竺葵、马蹄纹天竺葵。天竺葵原产于非洲南部,喜凉爽气候,生长

马炜梁 摄影

适温为10~25℃,它能耐0℃低温,在夏季高温期进入休眠状态。

【观赏与应用】

为使天竺葵长得姿态优美,开花繁多,可适当修剪。天竺葵是布置庭院的好材料。天竺葵可布置会场、花坛,也可进行室内装饰。

天竺葵花卉品种众多,色彩也绚丽,开花时间长,漂亮的品种有金边天竺葵、银边天竺葵、银心天竺葵等。天竺葵还是进行光合作用植物实验的良好材料。

【净化空气的功能】

天竺葵能吸收空气中的氯气,对二氧化硫、氟化氢也有抗性。

【摆放位置】

天竺葵可栽种在庭院中观赏,也可盆栽放置在走廊、厅堂观赏。它的花很美丽,但与其接触过多,有些人会有过敏反应,如皮肤瘙痒,因此它不宜与人进行皮肤、鼻子的接触,尤其在开花时,不要接触花粉。

【栽培与养护要点】

◇喜欢温暖环境,冬季要在阳光充足的温室内越冬。

◇ 怕酷热,夏季处于半休眠状态,要放在通风良好的荫棚下。

◇ 浇水要适当,宁干勿湿,浇水过多叶子会发黄,影响开花。

◇ 上盆后要摘心,使每株有3~5个分枝。

◇ 换盆和开花结果后,要进行修剪,1周内不要浇水,以免腐烂。

◇ 开花的盛期每周施肥1次,7~8月份植株休眠时,一般不需施肥。

◇ 冬天需阳光充足,夏宜放在荫蔽处,忌阳光直射。

◇ 开花后要立即摘去花枝,免耗养分。

◇ 盆栽一般3~4年,老枝需要不断更新。

## 橡 皮 树

【植物特性】

橡皮树又名印度橡皮树、胶皮树、印度胶树等,为桑科常绿乔

马炜梁　摄影

木。它露地栽培,其植株可长到30米高,树冠非常宽阔,常可把一幅地面遮盖。它的叶片呈椭圆形或长椭圆形,深绿色具革质,有光泽。常见的变种有以下几种:红苞橡皮树,叶片厚实,浓绿带红色,叶苞红色;斑叶橡皮树,叶片浓绿色,叶背的中肋及叶苞均呈鲜红色,叶形较大而呈圆形,叶面上嵌有不规则的黄色斑块;白斑橡皮树,叶面上生有不规则的鲜明白斑。其他还有美叶橡皮树、龙虾橡皮树等,都各有千秋,不会千树一面。橡皮树花细小,集中生于球形中空的花托内,呈无花果状。

【观赏与应用】

橡皮树放置室内很有气派,尤其具有欧陆和热带风情,也很适合

西方园林的布局,与中国的传统式古典园林景观则不太吻合。多年盆栽的橡皮树可布置于建筑物前及花坛中心。1~2年幼龄时放至室内极合适,3~5年树龄的较大植株,可作阳台、廊下或阶前的布置。橡皮树的茎干受伤后流出的乳汁可为制造弹性橡胶的原料。新鲜的树胶也是药材,其性酸、苦、涩、凉,可外用止血。

橡皮树深厚庄重,枝干苍劲,阔叶常绿,是理想的观叶植物。

【净化空气的功能】

橡皮树对空气中的一氧化碳、二氧化碳、氟化氢等有害物质有一定的抗性,对室内灰尘起滞尘的作用。

【摆放位置】

盆栽可放置在室内客厅、走廊等处,是一种栽植比较方便的观叶植物。屋顶花园的玻璃房、晒台等温暖之处也可摆放。

【栽培与养护要点】

❖ 性喜温暖、湿润的气候,不耐寒,冬季越冬不能低于10℃,否则叶片会发黑,茎干也随之枯死。

❖ 30℃时生长迅速,7~10天即抽生一片新叶。

❖ 保持盆土湿润,并用海绵蘸水清洗叶面。

❖ 生长季节给予充足的水肥条件才能生长旺盛,叶色碧绿。

❖ 夏季每天早晚各浇一次水,并经常向叶面上喷水。

❖ 气温达到20℃以上时,可每月施1~2次以氮肥为主的复合化肥或稀薄腐熟饼肥水。

❖ 生长期需要光照,室内养护应放在朝南窗口附近光照充足处,并注意空气流通。

❖ 夏天如阳光直射,叶面要喷水,使空气湿润,叶缘不致发焦。

❖ 夏季新梢萌发之际,要给予适当遮阴。

# 文　竹

【植物特性】

马炜梁　摄影

文竹为多年生常绿草本,花近白色,浆果球形,种子黑色,文竹又名云片竹等。文竹似竹非竹,犹如云片般的纤细枝叶,展绿叠翠,柔姿倩影,胜似翠竹。其嫩茎纤细而平滑,分枝甚多,小枝翠绿色,往往被人们误认为是叶子,其实真正的叶呈细小的鳞片状。文竹既有娴静高雅的神韵,又有清拔凌云之感,使人赏心悦目。

【观赏与应用】

文竹轻盈玲珑,清秀宜人,宛如"袖珍塔松"屹立眼前。盆栽装饰于案头细细品赏,其层叠平展的风姿,让人赏心悦目。文竹长成蔓性后,茎上部都能牵出3米长的细藤,若置于南面窗边,搭架牵引供其缠绕,则满窗披绿挂翠,使室内充满生机。

文竹也可以用来制作山石盆景。选用长方形马槽盆,把2~3年生的文竹适当弯曲修剪,使之形如大树的缩影,栽于一方,另一方配以形状奇特的沙石,盆面铺以青苔,就成富有山林野趣的盆景。

【净化空气的功能】

文竹能杀死空气中的细菌,叶片能吸收空气中的二氧化硫等有害气体。

【摆放位置】

文竹可摆放在客厅书房的门前、案头或窗台。

【栽培与养护要点】

◇ 喜温暖湿润、耐半阴、怕干旱、不耐寒,生长适温为20~25℃。

◇ 要求富含腐殖质,排水畅通的疏松的沙壤土。

◇ 喜通风耐阴的环境,因此夏天要遮阴,冬天也需要保暖。

◇ 春秋两季生长时,施以氮肥为主的稀薄肥水、蛋壳水等,忌大肥大水。

◇ 给文竹喷水雾至关重要,夏季,1天数次不嫌多,其他季节也要经常喷,开花季节严禁喷水。

# 白 掌

【植物特性】

白掌也叫"白鹤芋",它的叶片与著名的观叶植物竹芋有些相似,花开洁白无瑕,造型如仙鹤,有"清白之花"的美称。白掌既能观叶又能观花,而且能耐阴,在室内光线微弱的地方也可种植,还能水培,价格也比较低廉。

马炜梁 摄影

【观赏与应用】

白鹤芋是一种既能观花又能观叶的花卉,它是一种较为典雅的叶、花兼美的新开发的环保花卉,它开花较为奇特,花形小但色彩美。

【净化空气的功能】

白掌可以吸收空气中的挥发性有机物,特别对丙酮、三氯乙烯、苯、氮氧化合物、二酸化硫黄等特别有效。同时可增加室内相对湿度,防止鼻、咽黏膜干燥,烹饪时产生的油烟也可以被吸收,以保护人体肺及呼吸道健康。

【摆放位置】

可放在客厅、卧室、厨房、卫生间等处,若水培则更方便,可在各处多放几盆,能净化室内空气,增加湿度,尤其放在厨房内,还能吸收油烟。

【栽培与养护要点】

◇ 可种在疏松、富有腐殖质的松性土壤中,一般以腐叶土、泥炭、木屑与少量沙粒混合配置为好,不宜种在黏性土壤中。

◇ 白掌比较耐阴,可以在光线较弱的地方盆栽或水培栽植。

◇ 白掌喜欢潮湿,一见到土壤干即应浇水,在夏季生长旺盛期还可经常向植株周围喷雾,向地上洒水,使空气湿度增加。

◇ 在生长期可每周施1次液体复合肥,使它迅速生长。

◇ 白掌性喜温暖湿润的半阴环境,适宜生长温度为20~25℃,越冬不应低于10℃。

◇ 白掌能耐阴,但也需要一定的光照,如一直放在阴暗处就不容易开花,可在春秋季时搬到光线明亮处2周左右,再施以磷肥,即可开花。

## 合 果 芋

【植物特性】

合果芋是一种藤蔓性观叶植物,为多年生常绿草本植物,也叫"箭叶芋",秋季开花,呈佛焰苞状,里面为白色或玫红色,近年来人们发现它非常适于水培。

【观赏与应用】

合果芋是一种叶子宽大,吸收有害有毒物质较为明显的藤本花卉,它悬挂观赏,姿态优美,富有热带情趣,以吊挂窗台及室内空间为主体,是一种悬挂观叶花卉。

【净化空气的功能】

合果芋对甲醛、苯、甲苯、二甲苯等室内挥发有机物有较强的吸收作用,还可加强绿视率,有助于缓解眼睛疲劳,同时对电波辐射有一定的阻挡作用。

马炜梁　摄影

【摆放位置】

合果芋可摆放于新装修的房间内,有吸收有害有毒气体的作用,也可立体布局于办公场所,以吸收电波辐射。如果与仙人掌等植物搭配,可起到增加氧气和抵抗辐射的双重效应。

【栽培与养护要点】

❖ 合果芋喜欢酸性土壤,可以田园土、泥炭土、腐叶土等混合配置作培养土。

❖ 合果芋原产于美洲热带雨林区,喜半阴环境,怕烈日,不能种植在阳光直射之处。

❖ 在春、夏、秋三季要给足水分,早晚各浇水1次,盛夏浇水应以"宁湿勿干"为原则,冬天要少浇水,以"干透浇足"为原则。

❖ 合果芋生长极为迅速,可以半月施1次饼肥水或复合肥。

❖ 10月下旬入室过冬,保持室温5~10℃,否则叶色会变淡,此外,光线太淡、肥料不足或水培时水质不清都会使植株生长受影响。

# 巴　西　木

【植物特性】

马炜梁　摄影

　　巴西木也叫"香龙血树"，还有人称它为"巴西铁"，是一种常见的观叶植物，它叶片多而厚实，密度高，尤其叶子形状如玉米叶一样，在国外有"玉米植物"之称。许多国家把巴西木作为"幸运吉祥"的象征。

　　巴西木系常绿乔木，株型整齐挺拔有力，产于热带地区，放在室内很有热带异国风情。巴西木在原产地可活千年以上。

【观赏与应用】

　　巴西木叶形较美，是能栽培于室内的大型观赏植物，养护较为简便，能滞尘，对净化空气有很大的作用。巴西木可摆放在客厅的沙发或电视机旁，富有热带风韵，是一种长寿树。

【净化空气的功能】

　　巴西木对复印机、打印机及洗涤剂中挥发出的三氯乙烯有吸收作用，可净化空气。由于叶片大、密、多，因此可起到滞尘作用。

【摆放位置】

　　可摆放在家居、办公环境中，尤其是一些挥发有机物较多的工厂，可适当多放置一些盆栽。

【栽培与养护要点】

　　◇巴西木喜光照充足、高温、高湿的环境，但也能在半阴光线下生长,此时生长状况不及在光照好的地方,尤其叶片会出现色淡症状。

✧ 以肥沃、含有丰富腐殖质、排水通畅的砂质土壤最适宜。

✧ 平时需水不是太多,浇水过多会引起烂根及叶片发黄,但巴西木对空气湿度要求较大,可经常在叶片四周喷洒细雾水。

✧ 在4~10月份生长期内,宜每15天施薄肥1次,以复合肥为主,入冬应停止施肥,并移入温度在10℃以上的室内过冬。

另外,常见的具有空气净化功能的植物还有:紫藤、紫薇、木槿、仙人掌、蜀葵、石榴、米兰、丁香、含笑、无花果、木芙蓉、石竹、杨梅、鸡冠花、腊梅、非洲紫罗兰、扶桑、月季、桂花、爬山虎、枇杷、波士顿蕨等,老年朋友可以根据自己的喜好进行选择。

 **互动学习**

1.选择题:

(1)古人所称的三大"天然名花"不包括(　　　)。

　　A.报春花　　　B.杜鹃花　　　　C.龙胆花　　　D.牡丹花

(2)(　　　)有清热利湿、安神降压和止血、解毒的功效。

　　A.芍药　　　　B.桃花　　　　　C.美人蕉　　　D.牡丹

(3)(　　　)不是水仙花的别名。

　　A.天葱　　　　B.雅蒜　　　　　C.俪兰　　　　D.蕙兰

2.判断题:

(1)水仙花不喜阳光,应种在背阴处。　　　　　　　　(　　　)

(2)枸骨嫩枝扦插的成活率较低,所以要播种繁殖。　(　　　)

(3)桃花是监测硫化物、氯气排放的良好指示植物。　(　　　)

(4)虞美人是氟污染的指示植物。　　　　　　　　　　(　　　)

(5)吊兰繁殖很容易,只要信手剪取茎顶的小株埋入土中,即能成活。　　　　　　　　　　　　　　　　　　　　　　　(　　　)

3. 问答题：

富贵竹的栽培和养护要点是什么？

答案

1. 选择题：（1）D；（2）C；（3）D。

2. 判断题：（1）　；（2）　；（3）√；（4）　；（5）√。

3. 问答题：① 喜温暖湿润荫蔽的环境；② 土壤要疏松、肥沃；③ 喜散射光，忌直射烈日；④ 既可土壤盆栽也可水养，水养可数枝，也可剪成一段一段，扎成盘状；⑤ 盆栽以每月追肥2次为宜，可用有机肥；⑥ 水养每月加营养液1~2次，忌施有机肥；⑦ 水养不能施肥太多，肥浓会烧根，或使富贵竹疯长；⑧ 冬天要保暖，室内温度宜在12℃左右。

 拓展学习

➤ 延伸阅读

### 含有有毒有害物质的植物

植物在光合作用时，吸收二氧化碳放出氧气，但在其他新陈代谢过程中，也会产生各种有害的生物碱、有机酸、蛋白及苷类、醇、萜、蒽、酚、胺等有害有毒化合物。这些成分会通过人们的摸、触、吃、闻触及人体皮肤或误食进入人体造成人体器官损害，损害人体健康，这就是有害有毒植物。实际上有害植物与有益健康的植物一样，客观地存在，有时同一种植物有两面性，在有益于人体的同时，也含有有害人体的成分，所以必须要了解有害有毒植物含有的毒性是通过什么途径进入人体、危害人体,从而预防它的有害成分进入人体内。如腊梅,人人喜欢,其花十分芳香,但它的叶子、果实有毒,含有腊梅碱等化合物,食用后会产生抽搐症状。常春藤能吸收甲醛等有害气体,但它的枝叶不能吃,否则会出现呕吐及呼吸困难等。

我们只要了解有毒有害植物含有什么有毒的物质,通过什么途径伤害人体,并采取防护措施,就不会伤害人体健康。一旦碰到或种植了有害有毒植物,不必紧张,只要采用合适的防护措施,它就不会伤害人体。下面列举的是一些常见的含有害有毒物质的植物名单及预防对策。

1. 蕨类植物

【毒性】 叶内有酰蕨素、蕨苷等有毒化合物。

【危害】 长期食用会引起消化系统肿瘤。

【预防】 不食用或少食用。

2. 凤仙花

【毒性】 植株内含有指甲醌甲醚、槲皮素等有毒化合物。

【危害】 经常接触会诱发鼻咽肿瘤。

【预防】 少接触、少种植,药用要遵医嘱。

3. 变叶木

【毒性】 乳白色汁液有毒,误食会造成腹泻、腹痛。

【危害】 长久接触会诱发鼻咽肿瘤。

【预防】 不种植或少种植,更不能把植株放在室内。

4. 石菖蒲

【毒性】 根状茎内含有黄樟醚、细辛脑等化合物。

【危害】 挥发油中的黄樟醚易诱发肿瘤。

【预防】 不种植,少接触,不放在经常接触的地方。

5. 鸢尾

【毒性】 根茎含有鸢尾苷素等化合物;花含恩比宁化

合物。

【危害】 食用后会引起消化器官受损，经常接触会激活和诱发肿瘤，特别是鼻咽肿瘤。

【预防】 少种植，不接触。

6. 红背桂

【毒性】 叶茎内的乳汁毒性大。

【危害】 经常接触易诱发鼻咽肿瘤。

【预防】 少种、少接触，不能放在室内。

7. 霸王鞭

【毒性】 树汁内含有大量甾醇等有毒化合物。

【危害】 接触树汁和树皮会起疱、发炎，食用后会剧烈腹泻。长久接触会诱发并激活肿瘤细胞。

【预防】 少种或不种在人群多的地方，不经常接触。

8. 夹竹桃

【毒性】 汁液中含有夹竹桃苷等剧毒化合物。

【危害】 若食用会中毒，花粉也会造成一些人的过敏反应，如哮喘等症状。

【预防】 不食用，花粉过敏者要少接触。

9. 腊梅

【毒性】 植株、叶子、果实内含有腊梅碱等化合物。

【危害】 食用叶、果后会产生抽搐等症状。

【预防】 不能食用，药用要遵医嘱。

10. 黄杨

【毒性】 叶内含有多种甾体生物碱。

【危害】 一旦中毒，会引起腹痛、腹泻，严重时会影响循环系统。

【预防】 不能食用，药用要少量并遵医嘱。

11. 常春藤

【毒性】 枝叶含有藤苷、树脂等化合物。

【危害】 食用会产生呕吐、呼吸困难等症状。

【预防】 不食用,药用要遵医嘱。

12. 茉莉

【毒性】 根内含有毒性生物碱。

【危害】 对中枢神经有麻醉作用。

【预防】 少量闻花香无碍,但不要大量种植,也不要在室内经常闻香。

13. 球兰

【毒性】 在茎叶中含有球苷、谷甾醇等化合物。

【危害】 食用能使人中毒。

【预防】 不食用,药用要遵医嘱。

14. 冬珊瑚

【毒性】 全株含有茄碱等化合物。

【危害】 误食后会有恶心、腹泻、瞳孔放大、心跳减慢、血压下降等症状,重者则会死亡。

【预防】 不食用植株任何部位,药用要遵医嘱。

15. 玉簪

【毒性】 根内含香豆精等化合物。

【危害】 食用会中毒。

【预防】 不食用,少量药用也要遵医嘱。

16. 万年青

【毒性】 含万年青苷甲、乙、丙和万年青宁等化合物。

【危害】 根状茎食用过多要中毒。其症状为呕吐、四肢发冷、恶心等。

【预防】 不食用其种子,入药要遵医嘱。

### 17. 龟背竹

【毒性】 植株体内汁液和未成熟的果实含有草酸钙针晶体。

【危害】 汁液中有毒,食用未成熟果实后会灼伤口舌。

【预防】 不食用植株任何部分,未成熟的果实也不能食用。

### 18. 马蹄莲

【毒性】 块茎内含有大量的草酸钙针晶体、吸酚性生物碱等化合物。

【危害】 块茎和花有毒,食后会灼伤口腔、舌头,还会有恶心、呕吐等不适症状。

【预防】 不食用。

### 19. 石蒜

【毒性】 全株含有石蒜碱等有毒化合物。

【危害】 误食过量会产生血压下降、呼吸麻痹、手脚发冷等中毒症状。

【预防】 不食用,药用要遵医嘱。

### 20. 唐菖蒲

【毒性】 鳞茎有毒。

【危害】 食用后有呕吐、便血症状。

【预防】 不食用。

### 21. 南天竺

【毒性】 有多种异喹啉生物碱等化合物。

【危害】 食用后有心律不齐、肌肉痉挛等中毒症状。

【预防】 不食用,药用要遵医嘱。

### 22. 虎耳草

【毒性】 全株含有槲皮素、葡萄糖苷、硝酸钾、氯化钾等化合物。

【危害】　食用过量会中毒。

【预防】　不食用,医用要在医生指导下进行外用或少量内服。

23. 一品红(圣诞花)

【毒性】　全株有少量毒素。

【危害】　皮肤接触汁液会红肿,食用后会引起呕吐。

【预防】　皮肤少接触汁液,不食用。

24. 含羞草

【毒性】　草内含有含羞草碱、黄酮类等化合物,叶有似肌凝蛋白质的收缩性蛋白,

全株有少量毒素。

【危害】　误食后会突发头发、眉毛脱落等症状。

【预防】　不食用,药用要遵医嘱。

注意:儿童在做科学实验来证明植物会运动时,尽量缩短实验时间。

25. 紫藤

【毒性】　种子里含有金雀化碱等化合物,茎及树皮内含有紫藤苷等化合物。

【危害】　豆荚、种子、茎、树皮食用过量会引起腹痛、腹泻。

【预防】　不食用,药用要遵医嘱。

26. 萱草

【毒性】　根茎内含有秋水仙碱和天门冬素。

【危害】　食用根茎后会中毒,出现呼吸困难、失眠等症状。

【预防】　不食用(花可食用,但需加工后)。

27. 郁金香

【毒性】　花中含有毒碱,如矢东菊苷,郁金香苷A等化合物。

【危害】　人长期处在花丛中会中毒。

【预防】　不长期身在花丛里,一般不要超过2小时。

28. 广东万年青

【毒性】　花叶里含有万年青苷甲乙丙丁和生物碱等化合物,全株有毒。

【危害】　食用会出现消化道肿痛和麻痹现象。

【预防】　不食用,药用遵医嘱。

29. 水仙

【毒性】　含有多花水仙碱、石蒜碱等有毒化合物,全株有毒。

【危害】　食用后会出现呕吐、腹泻、发热等症状,严重时会出现呼吸困难、四肢麻痹,甚至死亡。

【预防】　不能食用,切削水仙后要立即使用肥皂洗手。

30. 月季

【毒性】　花内含有萜烯类化合物。

【危害】　香味浓烈时会让人憋气,严重者会有呼吸困难的感觉。

【预防】　少接触,花粉及香味过敏者尤要注意自我保护。

31. 银杏

【毒性】　含有银杏酚、银杏酸等成分,种子（白果）内含有微量氢氰酸。

【危害】　食用或接触过多会有中毒现象出现。

【预防】　不要接触植株,不要过多食用果实（白果）。

32. 凤梨

【毒性】　果内含有生物苷和菠萝蛋白酶等化合物。

【危害】　部分人食用,会出现皮肤发痒症状,严重者会有腹痛、恶心、呕吐、头晕等症状。

【预防】　食用前要用盐水浸泡果肉,且不能过多,药用要遵医嘱。

33. 海芋

【毒性】  全株含有氢苷、海韭菜苷、草酸钙等化合物。

【危害】  接触汁液过多，皮肤会过敏。食用花穗会使人精神错乱和口腔灼伤。

【预防】  不接触，不食用，不要种于室内。

34. 苏铁

【毒性】  茎内含有苏铁苷元和苏铁苷化合物。

【危害】  苏铁苷等会在人体内引发肿瘤细胞。

【预防】  不能食用花、叶、种子，药用要遵医嘱。

**图书在版编目 (CIP) 数据**

添绿增氧抗污染 : 家庭养花与老年健康 / 上海市学
习型社会建设与终身教育促进委员会办公室. —2版.
—北京 : 科学出版社, 2015.7
上海市老年教育普及教材
ISBN 978-7-03-044477-6

Ⅰ.①添… Ⅱ.①上… Ⅲ.①花卉—观赏园艺—关系
—老年人—保健 Ⅳ.①S68 ②R161.7
中国版本图书馆CIP数据核字 ( 2015 ) 第 114864 号

**添绿增氧抗污染——家庭养花与老年健康**
上海市学习型社会建设与终身教育促进委员会办公室
责任编辑 / 潘志坚　叶成杰

科　学　出　版　社 出版

北京东黄城根北街 16 号　邮编 : 100717
www.sciencep.com
上海锦佳印刷有限公司

开本 787×1092　1/16　印张 5 1/2　字数 68 000
2015年7月第二版第二次印刷

ISBN 978-7-03-044477-6
定价 : 26.00元